Dried Chinese Noodle Processing and Quality Control Technology

U0966000

面条加工与质量控制技术

刘 锐 魏益民 张影全 等/著

中国轻工业出版社

图书在版编目（CIP）数据

面条加工与质量控制技术 / 刘锐等著. —北京：中国轻工业出版社，2023.7
ISBN 978-7-5184-3486-2

Ⅰ. ①面… Ⅱ. ①刘… Ⅲ. ①面条—食品加工
Ⅳ. ①TS213.24

中国版本图书馆CIP数据核字（2021）第079366号

责任编辑：罗晓航
策划编辑：伊双双　　责任终审：张乃柬　　封面设计：锋尚设计
版式设计：砚祥志远　　责任校对：朱燕春　　责任监印：张　可

出版发行：中国轻工业出版社（北京东长安街6号，邮编：100740）
印　　刷：三河市万龙印装有限公司
经　　销：各地新华书店
版　　次：2023年7月第1版第2次印刷
开　　本：720×1000　1/16　印张：11.5
字　　数：220千字　插页：6
书　　号：ISBN 978-7-5184-3486-2　　定价：80.00元
邮购电话：010-65241695
发行电话：010-85119835　传真：85113293
网　　址：http://www.chlip.com.cn
Email：club@chlip.com.cn
如发现图书残缺请与我社邮购联系调换
231085K1C102ZBW

本书作者

刘　锐（农业农村部食物与营养发展研究所、
中国农业科学院农产品加工研究所）

魏益民（中国农业科学院农产品加工研究所）

张影全（中国农业科学院农产品加工研究所）

张　波（中国农业科学院农产品加工研究所）

邢亚楠（金沙河集团产业技术研究院）

吴桂玲（金沙河集团产业技术研究院）

序

FOREWORD

我国食品工业正处于向自动化、智能化升级的发展阶段，产业同时呈现出规模化、多样化的特点。面条作为中华民族的传统主食，其产业迅速向生产工业化、产品多元化的方向发展。方便面和挂面作为传统面制品工业化制造的典型代表，其制造过程正在向自动化、数字化、智能化方向发展。

长期以来，面条加工行业一直面临着原料质量不稳定、加工工艺标准化程度低、自动化程度亟待提高等问题和挑战。开展面条加工关键工艺技术研究，提升制造装备水平，建立生产与质量管理标准化体系，是提高产品质量和行业效益的有效途径。

刘锐博士、魏益民教授等撰写的《面条加工与质量控制技术》一书，综述了面条对小麦粉的质量要求、面条加工技术与装备进展；研究了面条和面过程中面团形成和质量特性变化的理论问题和技术手段，阐明了不同和面方式对面团理化结构和面条质量的影响程度和规律；基于生产一线的调研和数据分析，建立了挂面生产质量安全控制体系。

本书的出版可为面条制造业的自动化或智能化升级、生产工艺优化、产品质量提升提供理论和技术参考，可作为从事面制品生产和质量管理人员的培训教材，亦可供谷物化学、谷物食品制造、食品科学与工程、食品质量与安全等相关专业人员阅读。

中国工程院院士

2021 年 8 月 19 日

前言

PREFACE

面条是小麦粉加水和面形成面团后，面团经压延、挤压，或搓、拉、扯、揪、拨等加工方法，形成长条状、管状、片状或其他形状的面制品的统称。面条是中华民族的传统主食之一，在一日三餐中占有重要地位，且消费地域十分广泛。面条消费量约占中国大陆面粉消费量的 40%，其中，挂面占 10%，方便面占 5%，干面片占约 1%，非油炸风干面约 1%，商业化的湿面条约 3%，其余 20% 为餐饮店、食堂、家庭、市场或街道社区手工或机器加工的生鲜面条。

近年来，中国面条产业高速发展，各类面条的产销量和产值逐年增长，产品多元化、生产规模化，加工装备和技术水平快速提升。中国面条产业在发展和升级过程中仍然存在诸多技术挑战，如原料专用化程度低，缺乏各类面条生产专用的小麦与小麦粉标准；生产过程自动化程度有待提高，不完全具备向数字化、智能化转型的基础；缺乏对面条生产过程理论和关键技术的系统性研究；产业链之间协同性薄弱。总体来讲，小麦原料收储、专用粉生产、自动化设备开发、质量管理、产品研发、市场分析、消费模式等单元没有有效对接和有机联动。

加工工艺是影响面条质量的主要因素，和面是各类面条生产必不可少的环节，和面效果的好坏对后续制面和最终面条质量都有非常重要的影响。而工业化面条面团是一种含水率仅为 30%~35% 的松散絮状物，与传统的含水率 50%~60% 的面团存在差异。目前的和面机种类较多，包括有单轴 / 双轴、立式 / 卧式、高速 / 低速、间歇式 / 连续型、常压 / 真空等不同类型，哪种和面机构型最好？和面工艺参数如何调节？如何分析和面效果和面团质量？关于不同和面方式对制面效果与面团理化结构影响的研究有待深化，面团物理特性和化学结构之间的关系也不完全清晰。面团制作是一个动态的物理化学变化过程，针对这一过程的研究集中在传统高水分面团（面包、馒头、手工鲜面条等），而低水分面条面团（挂面、机制鲜面等）制作过程中理化结构的变化规律尚不明确。许多生产企业在设备选型、技术改造和质量控制方面缺乏理论和数据支撑，给面条工业的可持续发展带来阻力或隐患。

随着生活水平提高，消费者对面条质量的要求越来越高。为控制产品质量、改进生产工艺、降低损失和能耗，挂面企业需要一套较为完善的质量与安全控制技术和管理体系。质量控制方案以统计过程控制（SPC）为工具，分析工序能力，掌握生产全过程的质量状态，并对其实施动态控制，目的是保证工序过程始终处于受控状态，使生产过程能持续稳定地生产合格产品。危害分析与关键控制点（HACCP）是一种预防性的食品安全管理体系，目的是要确定食品生产链任何环节有可能发生的危害，并对其进行控制以防止危害的发生。质量与安全控制和改进是一个持续和循环的过程，需要在生产实践中不断地分析和评价现状，寻找可能存在的问题和解决的办法，不断地完善质量控制体系。

本书综述了小麦粉主要成分及品质对面条质量的影响，介绍了面条加工技术与装备进展。重点针对和面技术，以不同小麦粉为材料，分析比较了不同类型和面机的和面效果及其对面条质量的影响；采用二次回归旋转正交中心组合设计，对最优和面机型进行工艺参数优化和分析；采用质构分析（TPA）、扫描电子显微镜（SEM）、傅立叶变换衰减全反射红外显微成像（ATR-FTIR-M）、低场核磁共振（LF-NMR）、差示量热扫描（DSC）、体积排阻高效液相色谱（SE-HPLC）、傅立叶变换红外光谱（FTIR）等多种技术手段，研究了不同真空度与和面时间对面条面团的质构、微观结构、水分形态和分布、蛋白质化学结构的影响，明确不同和面方式制面效果差异的理化结构基础，揭示和面过程中面团的物理化学变化，分析面团物理特性、化学结构、水分结合形态之间的关系，探讨了小麦粉蛋白质特性与和面方式的互作效应。以初具现代食品工业特征的挂面生产线为对象，研究构建面条生产质量与安全控制技术：开展挂面生产工序能力调查，对不同工艺段的产品质量抽样，分析其质量波动和工序过程能力，确定存在异常质量波动的工序、异常波动点和过程能力不足的工序，分析其波动原因，并提出控制方法及控制参数，确定质量关键控制点；对挂面生产过程进行危害分析，确定安全关键控制点，建立监控、纠偏、验证程序，形成 HACCP 安全管理体系；共同构成挂面生产企业的质量与安全控制体系。

本书综述了原料和工艺对面条质量的影响；系统研究面条和面过程中的技术和理论问题；基于生产一线的调研和数据分析，建立了挂面生产质量安全控制体系。本书可为研究面条工艺、设计制面设备、提高生产水平、控制产品质量提供理论和技术参考，可供从事谷物化学、谷物食品加工、食品工程、食品质量与安全的科研和技术人员阅读，亦可作为从事面制食品生产和质量管理人员的培训教材。

刘 锐

2021 年 8 月于北京

目录
CONTENTS

第一章

小麦粉品质对面条质量的影响

第一节　蛋白质对面条质量的影响

小麦粉中的蛋白质是影响面条品质的主要因素之一。根据 Obsborne 提出的分类方法，小麦蛋白质分为溶于蒸馏水的清蛋白（albumins）、溶于稀盐的球蛋白（globulins）、溶于 70% 乙醇的醇溶蛋白（prolamins）和只溶于稀酸或稀碱的谷蛋白（glutenins）四种。清蛋白和球蛋白是生理活性蛋白，决定小麦的营养品质；醇溶蛋白和谷蛋白为贮藏蛋白，是组成面筋的主要成分，二者共同决定面团的黏弹性，是决定小麦加工品质的主要因素。小麦粉中的面筋蛋白吸水形成面筋网络，包围吸水后的淀粉，形成具有一定弹性、延伸性、可塑性的面团，从而具有一定的加工性能，在压延、切条后即制成湿面条。因而蛋白质的含量和质量直接影响着面条的质量和加工过程。

一、蛋白质含量与面条质量的关系

蛋白质含量与面条色泽、硬度、弹性、煮制品质有着密切的关系。相关研究中涉及的蛋白质含量为 7.24%~20.80%。一般而言，蛋白质含量与面条的白度、表观状态呈负相关，与面条的质构特性，尤其是煮熟面条的硬度、弹性呈正相关；最佳煮制时间随蛋白质含量的增加而延长（Morris 等，2000；周显青等，2001；刘建军等，2001，2002；Park 等，2003，2004；Wang 等，2004；鞠兴荣等，2005）。日本学者佐藤晓子等（1992）发现，面条色泽有随着蛋白质含量的增加而颜色变暗的趋向。蛋白质含量高，参与黑色素生成反应的含氮化合物多，而且蛋白质含量高，淀粉含量相对减少，面条内部面筋网络结构紧密，影响对光的反射率（Oh 等，

1985）。Liu 等（2003）研究表明，在一定程度上，增加蛋白质含量有助于提高中国干面条的品质，主要是改善弹性、黏性、适口性。师俊玲等（2001b）研究了蛋白质和淀粉含量对面条品质的影响，结果表明，蛋白质含量与面条的光滑性呈极显著正相关（r=0.8382），与面条的表观状态间的相关性不显著。陆启玉等（2005）研究了熟面条质构参数与蛋白质含量的关系，结果表明，熟面条质地剖面分析（简称“质构分析”，TPA）参数中的弹性、黏着性和咀嚼性与蛋白质含量呈显著正相关（r=0.8722、0.8984 和 0.9076）；面条的硬度随着蛋白质含量的下降逐渐降低，但当蛋白质含量下降到一定程度后，硬度开始回升；小麦粉中一定的蛋白质含量是保证面条具有较好黏着性和回复性的基础；熟面条的拉断力和拉伸距离与蛋白质含量呈极显著正相关（r=0.9671 和 0.9852）。Park 和 Baik（2009）的研究表明，添加谷朊粉后，面条的煮制时间变长，硬度、拉伸强度增大。而 Huang 和 Morrison（1988）则认为，蛋白质含量并不与面条品质有很大的相关性，只是十二烷基硫酸钠（SDS）沉淀值与熟面条的最大切应力和最大压应力（硬度）呈很高的相关性。

一般来说，中国面条适宜的小麦粉蛋白质含量应为中等，即 12%~14%（师俊玲等，2000；Liu 等，2003；雷激等，2004；王宪泽等，2004；赵京岚等，2005；雷昌贵等，2006）。蛋白质含量过高，面筋强度过强，会造成面团加工困难，表面粗糙，白度下降，干燥后的面条容易出现弯曲现象，使面条整齐度下降。同时，会因煮面时间过长，而加重面条被水侵蚀的程度，使表面结构破裂、硬度降低、面条外观品质变劣。蛋白质含量过低，面团强度过弱，在挂杆干燥、包装和运输过程中容易酥断，面条耐煮性差，易浑汤、断条，且食感较差，韧性和弹性不足。

二、蛋白质组成与面条质量的关系

面条品质不仅与蛋白质含量有关，更重要的是与蛋白质中各组分的构成有关。不同的蛋白质组成赋予小麦品种蛋白质不同的质量，对面条品质有着重要影响。

小麦面筋蛋白（醇溶蛋白和谷蛋白）的含量和比例对面条的品质有重要影响。一般认为，谷蛋白含量增加，可以提高面条的硬度、咀嚼性、黏着性和抗拉伸能力；相关研究中涉及的谷蛋白含量变化范围为 0%~14%（胡新中等，2004；杨秀改等，2005；陆启玉等，2005，2009）。李硕碧等（2001）的研究表明，谷蛋白与醇溶蛋白的比值与煮面外观评分和品尝评分呈显著正相关（r=0.411 和 0.535）。陆启玉等（2005）的试验结果表明，在蛋白质含量一定的情况下，熟面条的黏着性和咀嚼性与谷蛋白和醇溶蛋白的比值呈显著正相关（r=0.9581 和 0.9528）；谷蛋白相对含量增加，面条的硬度和抗拉伸强度变大。胡新中等（2004）通过鲜面条拉伸试验证明，谷蛋白含量越高，则面条拉伸长度、拉伸阻力及抗拉伸能力就越好，挂面干燥过程中因为面条强度不够造成的断头就越少。而 Zhang（2007b）和唐建卫等（2008）对面筋蛋白与中国白盐面条品质关系的研究表明，谷蛋白含量与面条硬度呈极显著负相关，醇溶蛋白含量与面条色泽呈极显著负相关，醇溶蛋白与谷蛋白的比值与面条硬度呈显著正相关。

高、低分子质量谷蛋白的含量和比例对面条品质也有影响。Oh 等（1985）证明煮面的内部强度主要与酸溶性高分子质量谷蛋白有关。Wang 和 Kovacs（2002）表明，不溶性谷蛋白含量与鲜面条剪切力、干面条最佳煮制时间、煮熟干面条的黏弹性呈极显著正相关（r=0.89、0.74 和 0.73）。Zhang 等（2007a）研究表明，高、低分子质量谷蛋白的含量均与面条硬度呈极显著负相关（r=−0.60 和 −0.58）。Hu 等（2007）认为，不溶性谷蛋白含量与鲜面条制作特性及质构仪拉伸特性，如面条厚度、面带长度、鲜面条最大抗拉伸阻力、拉伸长度、拉伸能量等关系密切；不溶性谷蛋白含量高低是面条小麦的主要特征，并可用于面条小麦育种的早代筛选。

三、蛋白质质量与面条质量的关系

蛋白质质量较蛋白质含量更为重要，蛋白质质量的提高有助于面条质量的改善。蛋白质质量与面条表观状态、质地（硬度、弹性、光滑度）和适口性密切相关。

面筋含量和质量、沉淀指数、流变学特性是反映小麦蛋白质质量的主要指标。大量研究结果表明，湿面筋含量、面筋指数、沉淀指数、形成时间、稳定时间、拉伸面积和最大拉伸阻力等反映蛋白质质量的参数与面条的硬度、韧性、食味和总评分呈正相关（林作揖等，1996；Crosbie 等，1999；张国权等，1999；李硕碧等，2001；Park 等，2003；康志钰等，2003；赵京岚等，2005）。Liu 等（2003）用 104 个品种（系）对面条小麦的选种指标及其与面条品质、面包品质间的关系做了深入研究，指出蛋白质质量（Zeleny 沉淀指数、稳定时间和延伸性）与中国干面条评分呈二次曲线关系，这说明在一定范围内（Zeleny 沉淀指数≤ 45.9mL，稳定时间≤ 15.8min，延伸性≤ 20.3cm），蛋白质质量的提高有助于面条质量的改善，但面筋质量过高则对面条评分有负向影响。鞠兴荣等（2005）研究表明，面筋指数及沉淀指数对面条色泽无影响，但与面条的韧性、黏度、光滑度及面条评价总分间呈极显著或显著相关，当面筋指数较高、沉淀指数较大时，评分较高；随着面筋指数和沉淀指数的增加，面条外观品质、适口性提高，但面筋强度过高时，面条外观品质较差，回缩增粗。

沉淀指数是面筋蛋白含量与质量的综合指标，与面条煮熟品质显著相关，是影响干物质失落率、蛋白质损失率的主要品质指标。沉淀指数越大，表明面筋强度越大，对剪切力有较强抵抗作用，所制作面条的韧性好，烹调损失低，有助于提高面条品质（杜巍等，2001；张剑等，2008）。如果沉淀指数过高，面团强度大，煮面时间明显延长，面条表面被水煮侵蚀的程度也随之加重，造成面条表面粗糙，亮度降低，面条评价总分也随之降低。

综上所述，蛋白质质量高的小麦粉，制面的加工性能好，湿面条的弹性强，延伸性好，断条少，蒸煮品质好，面条评分高；蛋白质质量低的小麦粉，制面的加工性能差，湿面条的弹性和延伸性弱，断条多，蒸煮品质差，面条评分低。但是小麦粉蛋白质质量过高（湿面筋含量＞35%，沉淀指数＞60mL，稳定时间＞16min），制成面条后弹性过强，收缩性强，煮制时间长，表观状态变差，不宜制作面条（杜巍等，2001；鞠兴荣等，2005）。目前，普遍认为比较理想的面条小麦面粉，湿面筋含量为28%~34%，沉淀指数为40~45mL，稳定时间5~15min（李硕碧等，2001；魏益民，2002；何中虎等，2006；李炜炜等，2008）。

四、蛋白质亚基与面条质量的关系

蛋白质亚基对面条品质也有一定的影响。较多研究表明，γ–醇溶蛋白45带与良好的通心面煮制品质密切相关，具有γ–45组分的杜伦麦品种的面筋具有较高的硬度和黏弹性；而γ–醇溶蛋白42带的存在则与劣质的通心面煮制品质相关（Damidaux等，1980；Payne，1984；Autran等，1986；Bushuk，1998）。而Feillet等（1989）在综述中报道，γ–麦醇溶蛋白42和γ–麦醇溶蛋白45仅是通心面硬度和弹性的遗传标记，通心面的硬度和黏弹性则直接来源于低分子质量谷蛋白亚基（LMW–GS）受热时的强力凝集。还有研究发现，某些醇溶蛋白和谷蛋白的基因与γ–醇溶蛋白45的基因可能是连锁的，因此，普通小麦γ–醇溶蛋白45的效果很可能是几种蛋白质共同作用的结果（逄孝云等，2008）。Feillet等（1989）发现，硬粒小麦面筋中富含杜伦硬麦富硫谷蛋白（DSG）的SH+SS含量与煮后通心面的表观状态显著相关，并提出以下假设：在通心面中，紧密的蛋白质网络避免了蒸煮过程中淀粉的滤去；DSG和LMW–GS通过疏水键连接，DSG通过二硫键彼此连接，从而使LMW–GS分子间连接起来。黄思棣等（1988）的进一步研究表明，γ–醇溶蛋白中含44.5和45号谱带的品种面条品质较好，而含有41号谱带者，其面条品质较差。

关于高分子质量谷蛋白亚基（HMW-GS）对面条品质影响的报道较少。张玲等（1998）认为HMW-GS亚基组成与面条煮熟品质无明显相关性，具有38.88ku和53.25ku或共有这两种亚基的品种其面条煮熟品质较好。何中虎等（2006）的研究也表明，面条对HMW-GS亚基要求并不严格，但要求低分子质量亚基为Glu-A3d和Glu-B3d。Tang（2008）认为，小麦HMW-GS亚基1、7+8和1.5+10与较高的面条评分有关。李硕碧等（2001）以32个小麦品种为材料，分析了高分子谷蛋白亚基与面条品质的关系，结果表明，小麦HMW-GS亚基1、17+18、5+10是改善小麦品种面条品质的优质亚基，其中Glu-A1位点的亚基1尤为重要。而赵京岚等（2005）指出，小麦HMW-GS亚基14+15、5+10、4+12是适合制作优质面条的亚基，尤以14+15亚基为好。

五、谷蛋白聚合体在面团加工过程中的作用及变化

小麦籽粒谷蛋白主要以聚合体的形式存在，按分子质量大小可以分为高分子质量谷蛋白亚基（HMW-GS）和低分子质量谷蛋白亚基（LMW-GS），其中不溶于SDS、分子质量较大的谷蛋白聚合体，称为谷蛋白大聚体（GMP）。谷蛋白大聚体是小麦胚乳贮藏蛋白中分子质量最大的一部分蛋白质（梁荣奇等，2002），以颗粒形式存在，粒径范围为1~300μm（Don等，2003a，2006）。谷蛋白大聚体主要由HMW-GS和LMW-GS通过链间二硫键组成，其含量反映了谷蛋白聚合体的粒度分布（赵惠贤等，2001）。

（一）谷蛋白聚合体在面团加工过程中的作用

谷蛋白大聚体在面团形成过程中发挥重要作用（Don等，2003b），其含量与和面仪（mixograph）面团和面时间、粉质仪（farinograph）面团形成时间、稳定时间和拉伸仪（extensigraph）面团最大拉伸阻力等面团流变学特性呈显著正相关（Sapirstein等，1998；孙辉等，1998；梁荣奇等，2002；Hu等，2007），其相关性大于粗蛋白含量、Osborne组分、可溶性谷蛋白聚合体等与这些品质性状的相关性（Weegls等，1997）。张平平等（2008）研究表明，谷蛋白大聚体含量与和面仪参数的相关性最高，与和面峰值时间、峰面积和8min带宽相关系数分别为0.83、0.85和0.70（$P < 0.001$）。司学芝等（2005）认为在面团搅拌过程中，谷蛋白大聚体通

过巯基－二硫键的交换反应或者氢键以及疏水键和其他蛋白质结合，为面团网络结构的形成起到了骨架和桥梁的作用，且谷蛋白大聚体含量越高，和其结合的蛋白质也越多，形成的网络结构也越坚固，因此对抗外界的作用力也相应越强。

（二）谷蛋白聚合体在面团加工过程中的变化

面筋蛋白在小麦粉中，处于最低能量状态，谷蛋白分子呈致密结构。在面团制作过程中，随着水分的渗入，通过机械搅拌作用和—SH 与—S—S—的交换反应，谷蛋白肽链伸展呈线状，形成无序的网状结构。线性谷蛋白分子相互缠结，醇溶蛋白充填于其中。

和面的揉混过程中，谷蛋白大聚体发生解聚，谷蛋白大聚体含量和谷蛋白大聚体的分子质量分布（MWD）均降低（Don 等，2003a，2003b，2005）；Skerritt 等（1999）认为化学降解导致了谷蛋白大聚体的变化，而 Don 等（2003b）认为机械作用力是谷蛋白大聚体在和面中降解的主要原因。王金水等（2003）研究了面团搅拌过程中蛋白质组分的变化规律，认为在面团搅拌初期，谷蛋白大聚体可能在机械力作用下被打断、分开，从而形成分子质量呈连续性的碎片，其中一些分子质量较小的蛋白碎片较容易溶于 1.5%SDS 溶液；或当面团中形成连续的面筋网络后，谷蛋白大聚体中的一些非共价键发生了断裂；最后一种可能是这些大聚合体的二硫键在一些水溶性或疏水性的面筋蛋白的自由巯基作用下发生了巯基－二硫键交换反应，被还原而断裂，从而使其分子质量降低；而其后小分子谷蛋白聚合体或谷蛋白亚基可能在后两种机制下聚合成大分子谷蛋白聚合体。和面后，谷蛋白大聚体中的 HMW-GS 和 LMW-GS 含量降低，其中，x- 型 HMW-GS 含量降低，y- 型 HMW-GS 含量升高，不同品质小麦的变化程度也不相同（Skerritt 等，1999）。Don 等（2003b）的研究结果表明，谷蛋白大聚体胶体的储能模量 G' 值在和面过程中显著降低；和面过程中谷蛋白聚合体尺寸和容积度（以毛细管黏度仪测得的黏度表示）的降低是面团形成的基础。进一步的研究又表明，1.5%SDS 可溶性谷蛋白的固有黏度也在随着揉混增加（Don 等，2005）。

面团的醒发是一个动态的化学过程。在此阶段，面团内部结构向低能量状态转化，通过—SH 与—S—S—的交换反应，使面团内部应力得到松弛，相互缠绕的线性谷蛋白分子开始定向有序排列。谷蛋白与醇溶蛋白分子之间、谷蛋白分子间通过大量的氢键和疏水作用结合。和面后的面团醒发过程中，谷蛋白大聚体发生重聚，含量增加（Weegels 等，1997；Don 等，2005）。

在面条加工过程中，小麦粉和面后得到的面团是一种含水率 35% 左右的松散絮状物，与传统的含水量50%~60%的面团不同，所含的面筋是不连续的，不具备加工性能。复合压延过程中，面絮在机械力的作用下复合，面筋碎片逐渐形成连续的网络结构，形成具有一定弹性、延伸性、可塑性的面片。Ong（2010）研究了谷蛋白大聚体含量和凝胶流变学特性在面条加工过程中的变化趋势，重点分析了盐、碱对其变化的影响。结果表明：在小麦粉和面、复合形成面片的过程中，谷蛋白大聚体发生解聚，含量下降，凝胶强度提高；面片熟化时，蛋白质发生重聚，谷蛋白大聚体含量提高。盐、碱对GMP特性的变化有显著影响；与白盐面条相比，黄碱面条的GMP在面片加工过程中的解聚程度更大，熟化后的重聚程度更小。面片形成过程中谷蛋白大聚体含量的降低程度远低于传统面团，而凝胶强度的变化趋势则与传统面团完全相反。

第二节　淀粉对面条质量的影响

淀粉是小麦粉的主要成分，占干重的75%左右。小麦淀粉品质对白盐面条的质量，尤其是煮后的感官特性，有着非常重要的影响。小麦淀粉品质主要包括淀粉含量和组成、损伤淀粉含量、糊化特性和膨胀特性等。

一、淀粉含量与面条质量的关系

淀粉含量与面条质量关系的研究较多，但结论不尽一致。王宪泽等（2002，2004）认为，淀粉含量与面条总评分之间呈显著正相关。师俊玲等（2001a，b）的研究结果表明，淀粉含量与面条的食味评分呈显著正相关（r=0.71），与表观状态评分、光滑性评分呈显著负相关（r=–0.72和–0.92）；进一步研究面条的微观结构后指出，淀粉通过缓解面筋强度、填补蛋白质网络空隙等途径，有增大面团和面片延展性、改善面片表面光滑性、增加面条白度等作用。而宋健民等（2008）的研究结果表明，淀粉含量与面条色泽评分、光滑性评分呈显著负相关（r=–0.19和–0.14；P<0.05），而与其余各项评分相关性较差。陆启玉等（2009）认为，只有淀粉添加量合适时才能使面条的质量最佳，适量添加小麦淀粉可以改善面条质量；但100 g小麦粉中的淀粉添加量超过5g时，会对面条质量造成不利影响。

淀粉含量对面条烹调特性有显著影响。随着淀粉含量增加，面条煮制时的干物质吸水率、干物质损失率和蛋白质损失率增加（师俊玲等，2001a；王晓曦等，2010）。这是由于淀粉含量高，在煮制过程中的淀粉析出量增加，导致烹调损失增加。

二、淀粉组成与面条质量的关系

直链与支链淀粉的含量及比例是影响面条质量的重要因素，是造成不同小麦品种淀粉糊化、膨胀特性和面条质量差异的物质基础。

直链淀粉含量较低的小麦品种，其膨胀势和峰值黏度较高，面条表观状态、软硬度、弹性、黏性、光滑性及综合评分的表现较好（Toyokawa 等，1989；Miura 等，1994；Zhao 和 Sharp，1996；Batey 等，1997；姚大年等，1999，2000；Noda 等，2001；王宪泽等，2002；梁荣奇等，2002；赵俊晔和于振文，2004；Wickramasinghe 等，2005；章绍兵和陆启玉，2005；王芳和叶宝兴，2006；王晓曦和徐荣敏，2007；宋健民等，2007，2008；孙链等，2010）。Seib（2000）认为，降低直链淀粉含量可以提高小麦粉膨胀能力，降低糊化凝胶的硬度，增强糊化淀粉粒的形变能力，从而使面条质地较软且富有弹性。陈东升等（2005）采用分馏和重组方法，研究了来自同一组合的 8 种不同 Waxy 蛋白缺失类型面粉直链淀粉含量、淀粉糊化特性及其中国面条质量，结果表明，直链淀粉含量与面条的色泽、软硬度、弹性、黏性、食味及总评分间呈显著正相关（r=0.53~0.82）；可能是由于试验所用材料的直链淀粉含量总体上较低，平均值为 20.2%。张艳等（2007）的研究结果表明，直链淀粉含量与面条黏弹性、光滑性和面条总评分呈二次曲线关系，直链淀粉含量只有在一定范围内降低，才利于面条质量的提高；这与 Batey（1997）、Guo（2003）、宋健民（2007）和于春花（2012）观点一致，也部分解释了陈东升（2005）的研究结果。Batey（1997）研究了小麦淀粉化学结构对日本面条质量的影响，用 α- 淀粉酶水解淀粉，分析其酶解产物组成，结果显示，聚合度（DP）≥ 5 的低聚糖的数量与面条食用品质（硬度、弹性、光滑性）呈极显著负相关（P<0.001），表明面条制作品质较好的小麦粉，其支链淀粉结构中分支点分布较疏松。阚世红等（2005）的研究结果也表明，分支点多且相距较疏松的支链淀粉结构与优良面条品质相关。

直链淀粉与面条质构参数关系的研究也较多。Epstein 等（2002）认为，直链淀粉含量是影响面条质地的主要因素。较多研究结果表明，直链淀粉含量与熟面条的硬度、胶着性、咀嚼性呈显著正相关，与弹性、黏着性、黏聚性、回复性呈显著负相关（Baik 和 Lee，2003；Baik 等，2003；Guo 等，2003；Martin 等，2004；陈东升等，2005；王晓曦和徐荣敏，2007；孙链等，2010）；即直链淀粉含量低，面条弹性好而硬度低，且表面不发黏。Sasaki 等（2004）的研究结果表明，直链淀粉含量与流变仪动态试验测得的储能模量 G′（反映弹性）呈正相关，与损耗角正切 $\tan\delta$（损耗模量 / 储能模量，反映黏性与弹性的比例）呈显著负相关；与蠕变试验测得的最大蠕变应力和蠕变恢复呈负相关（Huang 和 Lai，2010）。

面条的烹调特性也受淀粉组成的影响。Park 等（2004）和马冬云等（2007）认为，直链淀粉含量与鲜面条的最佳煮制时间呈显著正相关。王晓曦等（2007，2010）的研究结果表明，随着直链淀粉含量增加，或是支链淀粉含量减少，面条煮制时的干物质吸水率降低（Guo 等，2003），而干物质损失率、蛋白质损失率增加。

综上所述，直链淀粉对面条质量影响显著，直链淀粉含量较低的小麦粉，具有较好的糊化和膨胀特性，制作的面条弹性好而硬度和表面黏度低，具有较高的感官评分，且煮制时吸水率高、烹调损失低。一般认为，直链淀粉含量在 22% 左右的小麦粉最适合制作优质白盐面条（Miura 和 Tannii，1994；Batey 等，1997；Guo 等，2003；陈东升等，2005）。

三、破损淀粉与面条质量的关系

破损淀粉对面条质量有一定的影响，但这方面的研究较少。Oh 等（1985）研究认为，面条面团的最佳吸水量随破损淀粉含量的增大而增加（王晓曦等，2001）；破损淀粉含量越高，熟面条的内部和表面硬度越小（宋亚珍等，2005）。覃鹏等（2008）和张智勇等（2012）的研究结果表明，损伤淀粉与面条感官评分无显著相关性。

Hatcher 等（2002，2008）研究表明，破损淀粉含量对面条的烹调特性有显著影响，随着破损淀粉含量增加，白盐面条烹调吸水率降低，而烹调损失增加（阎俊等，2001）。破损淀粉含量对黄碱面条的表观有显著影响，面粉损伤淀粉含量较低时，面条色泽亮度（L^* 值）较高，单位面积斑点数较少，而斑点则更暗。面条质构研究结果认为，破损淀粉含量增加，面条的 TPA 弹性和应力松弛时间降低，动态黏弹性参数中的储能模量 G′ 增加，损耗角正切 $\tan\delta$ 降低，蠕变试验的最大应力降低。宋亚珍等（2005）的研究结果表明，破损淀粉含量与熟面条压缩特性、表面韧性呈极显著正相关（r=0.62 和 0.49）。

四、淀粉糊化特性与面条质量的关系

淀粉糊化特性可以反映淀粉品质，与白盐面条质量密切相关。

峰值黏度是衡量淀粉糊化特性最重要的指标，与面条质量高度相关，可以作为预测面条质量的关键指标（王宪泽等，2004；宋健民等，2008；阎俊等，2001；张勇和何中虎，2002；刘建军等，2002，2003；杨金等，2004；郑学玲等，2010）。一般认为，高峰值黏度的小麦粉制作的面条质量较好，峰值黏度与面条各项感官评分及综合评分呈显著正相关（Crosbie，1991；Konik 等，1992；Panozzo 和 McCormick，1993；Baik 等，1994；Yunt 等，1996；姚大年等，1999，2000；Noda 等，2001；梁荣奇等，2002；张国权等，2002；刘建军等，2002，2003；杨金等，2004；王宪泽等，2004；宋建民等，2005；Hung 等，2006；王芳和叶宝兴，2006；宋健民等，2007，2008；郑学玲等，2010；张智勇等，2012）。澳大利亚的小麦育种项目已把峰值黏度作为改良日本面条小麦品质的重要指标（Crosbie，1997）。Baik 和 Lee（2003）、宋亚珍等（2005）认为，峰值黏度与面条 TPA 硬度呈显著负相关，与黏聚性呈显著正相关（$P<0.05$）。

糊化温度是反映淀粉糊化特性的另一重要指标。较多国内学者的研究结果表明，糊化温度与面条感官评分无显著相关性（姚大年等，2000；覃鹏等，2008；孙链等，2010；郑学玲等，2010；张智勇等，2012）；有部分国外学者认为，糊化温度与面条各项感官评分之间呈显著负相关（Panozzo 和 McCormick，1993；Noda 等，2001；王宪泽等，2004）；这可能是由于国内外在面条感官评价的标度方面存在差异。而陈东升等（2005）的研究则表明，糊化温度与面条色泽、硬度、弹性、黏性及总评分均呈极显著正相关（r=0.64~0.79）。

崩解值是对面条质量影响显著的重要糊化特性。较多研究表明，提高小麦粉的崩解值，面条的外观（色泽、表观状态）、质地（黏弹性）和口感（光滑性）均得到改善（Konik 等，1992；Panozzo 和 McCormick，1993；Baik 等，1994；刘建军等，2002，2003；杨金等，2004；王宪泽等，2004；Zhang 等，2005a；宋健民等，2008；张智勇等，2012）。而覃鹏等（2008）和 Crosbie 等（1999）认为，崩解值与面条质地评分呈显著负相关（$P<0.05$）。Baik 和 Lee（2003）分别用重组小麦粉和混合小麦粉研究了糊化特性与面条 TPA 质构特性的关系，结果表明，崩解值与硬度呈极显著负相关（r=–0.82 和 –0.89），与黏聚性呈极显著正相关（r=0.78 和 0.95）。

峰值时间对面条质量有正向作用，与面条各项感官评分及总评分呈显著正相关（Seib，2000；王宪泽等，2004；姚大年等，2005；陈东升等，2005；宋健民等，

2008；张智勇等，2012），与TPA参数中的硬度、胶着性和咀嚼性呈显著正相关（孙链等，2010）。宋亚珍等（2005）研究表明，峰值时间与面条压缩性和表面韧性呈极显著正相关（r=0.647和0.626）。

小麦粉的低谷黏度和最终黏度也被较多的研究结果证明，与面条各项感官评分及总评分呈显著正相关（$P<0.01$）（姚大年等，2000；宋建民等，2005；陈东升等，2005；宋健民等，2007，2008；张智勇等，2012）。Yunt等（1996）认为，最终黏度与面条色泽和总评分呈极显著正相关（$P<0.01$），却与软硬度和光滑性评分呈显著负相关（$P<0.05$）。

有研究表明，回生值与面条色泽、表观状态、弹性、光滑性及总评分呈正相关（姚大年等，2000；王宪泽等，2004；陈东升等，2005；宋健民等，2008；张智勇等，2012）。覃鹏等（2008）认为，回生值与硬度评分呈极显著正相关（r=0.64），却与表观状态、光滑性评分呈极显著负相关（r=−0.50和−0.50）；回归分析又表明，随着回生值增加，黏性评分提高。

淀粉糊化特性对面条的烹调特性也有较大影响。糊化特性能较好地预测面条最佳煮制时间，鲜面条的最佳煮制时间与糊化温度呈显著负相关（Park和Baik，2004；马冬云等，2007）。李卓瓦等（2006）研究表明，小麦粉峰值黏度增加有助于降低烹调损失，提高面条吸水率。

综上所述，淀粉糊化特性对面条质量极其重要。峰值黏度、崩解值、峰值时间、低谷黏度、最终黏度是影响面条质量的几个重要糊化性状。峰值黏度、崩解值、低谷黏度和最终黏度高，峰值时间长的小麦粉适合制作优质面条。刘建军等（2002、2003）认为面条专用小麦的峰值黏度≥2.9Pa·s。

五、淀粉膨胀特性与面条质量的关系

膨胀势和膨胀体积反映了淀粉的膨胀能力，是国外研究小麦淀粉品质的一项重要指标；其反映的是淀粉悬浮液在糊化过程中的吸水特性和在一定条件下离心后的持水能力；其测定方法简便、快速、安全、样品用量少，可作为面条质量预测的有效指标。

膨胀势和膨胀体积与面条感官质量高度相关。高膨胀势或膨胀体积的小麦粉制作的面条，具有较好的食用品质，在表观状态、软硬度、弹性、光滑性等参数上的感官评分及总评分较高（Crosbie，1991，1992；Konic等，1993；Baik等，1994；Yunt等，1996；姚大年等，1999；梁荣奇等，2002；Liu等，2003；刘建军等，2002，

2003；鞠兴荣等，2005；Hung 等，2006；王芳和叶宝兴，2006；宋健民等，2007，2008）。Guo 等（2003）和 Martin（2004）研究了小麦粉膨胀势与面条 TPA 质构参数的关系，结果表明，小麦粉膨胀势与面条硬度呈极显著负相关，与弹性、黏聚性呈极显著正相关（$P<0.01$）。

Ross（1997）和 Seib（1997）提出一个模型，用以解释较高的淀粉膨胀性是如何改善面条的品质。用蛋白质含量为 9%~10% 的高膨胀性小麦粉制作的面条在烹调时，表面淀粉膨胀，导致更多的直链淀粉游离到淀粉粒之间，冷却后，在面筋束和淀粉粒之间形成凝胶，从而使面条表面更光滑和富有弹性。在面条内部，淀粉的膨胀束缚了更多的水，淀粉颗粒内的凝胶更分散，游离的直链淀粉与面筋之间可能还存在某种作用力使面条网络结构增强，从而提高了面条吸水率，获得更软更弹的口感。

一般而言，高膨胀势或膨胀体积的小麦粉制作的面条感官评分高，质地中等偏软、光滑且富有弹性，可以作为面条用小麦的一个重要选择标准。

淀粉的含量、组成及糊化特性、膨胀特性对面条质量均有显著影响。一般认为，直链淀粉含量较低，峰值黏度、崩解值、低谷黏度和最终黏度高，峰值时间长，膨胀势和膨胀体积高的小麦粉适合于制作优质白盐面条。其中，直链淀粉含量、峰值黏度和膨胀势是优质面条小麦的 3 个关键质量性状。直链淀粉含量是造成不同小麦品种淀粉膨胀特性和糊化特性差异的物质基础。制作优质白盐面条的小麦粉，其直链淀粉含量应在 22% 左右。

评价面条质量的方法有感官评价和仪器评价。直链淀粉含量低，峰值黏度和膨胀势高的小麦粉制作的面条感官评价得分高；其在 TPA 参数上，一般具有较高的弹性、黏着性和较低的硬度，表明面条质地偏软、弹性好、表面不发黏。而胶着性、咀嚼性、黏聚性以及流变仪测得的储能模量、蠕变应力等质构参数与面条质量的关系尚不明确，其实际意义及适宜的范围也需要进一步研究和探讨。

关于小麦淀粉与面条质量关系的研究报道已有很多。然而，在不同的国家和地区，对面条的分类标准不尽一致，即使是白盐面条，也有中国干白面条（挂面）、日本乌冬面、日本白盐面条等几种；同时，各实验室面条感官评价的标准、各项目的比重，以及评价人员专业性也不尽一致。因此，研究结果的适用范围和淀粉在面条加工中的作用机制还需要深入研究。

第二章

面条加工技术与装备

面条是中国传统主食，也是产值较大的面制品之一。中国面条的加工技术从最初的手工制作、半机械化生产已发展成为现在的大批量自动化连续生产。20 世纪 90 年代以来，中国从日本引进面条生产设备，并结合生产实际，对其进行分析和改造，提高了中国面条生产技术水平，基本满足了面条生产企业的需求（王震，2009；高亚军等，2011）。近年来，中国面条生产设备和工艺水平快速提高，已初步具备现代食品工业的特征。

面条生产工艺主要包括和面、压延、熟化、干燥等。每一道工艺均对生产过程和产品质量有重要影响。本章综述了面条生产工艺与设备发展现状及其对产品质量的影响，为开展工艺研究、设计和制造制面设备、提高生产水平提供理论和技术参考。

第一节　和面工艺

和面工序是面条生产的关键环节，其过程是使小麦粉与水在适当强度的搅拌下均匀混合，形成面团。在面团制作过程中，随着水分的渗入，通过机械搅拌作用和二硫键的交联作用，谷蛋白肽链伸展呈线状，线性谷蛋白分子相互缠结，醇溶蛋白填充其中。与传统的含水率 50% 左右的面团不同，机制面条面团是一种含水率仅为 30%~35% 的松散絮状物。面条和面工艺要求絮状面团吸水均匀、适当，颗粒松散、大小一致，面筋黏弹性和延展性适宜（陆启玉，2007；沈群等，2008；刘锐等，20013b；Fu 等，2008）。

面条工业生产中，和面设备有立式、卧式、单轴、双轴、高速连续及真空（非连续和连续）和面机等多种类型。双轴卧式和面机是中国面条生产企业中最常用的和面机型，根据其搅拌杆构型，可分为棒状搅拌杆、角度桨叶状搅拌杆、曲线状搅拌桨等。刘锐等（20013b）研究表明，棒状杆在搅拌时只能使小麦粉做圆周运动，轴向运动能力弱，和面均匀性有待提高；角度桨叶状搅拌杆可提供较好的和面效果，和面均匀，面筋形成也较为充分，面条硬度大、咀嚼性较好。曲线状搅拌桨和面机是模仿人手工和面动作设计，能对面团起揉搓和捏合等作用；搅拌速度控制在 20r/min 左右，避免了对面团中面筋质破坏性的剪切作用和升温，因此，其和面时间较长，约需 30min（刘绍文，1993）。由于制造成本和运行效率等问题，卧式曲线状搅拌桨和面机在中国面条生产企业中很少有应用。高速连续和面机让小麦粉与水按比例进入和面机，在高速旋转下使二者以雾状形式接触，在短时间内混合均匀，从和面机底端卸料，实现了连续化生产（陆启玉，2007；沈群等，2008；刘锐等，20013b；Fu 等，2008）。真空和面是一种用于面条工业生产中的新型和面方式，其搅拌过程在真空状态下进行。Hou 等（2010a）认为，真空和面可以提高加水量，缩短和面时间。Li 等（2012）研究表明，真空和面可以显著改善生鲜面条的色泽（Solah 等，2007），使其具有更加连续紧密的面筋网络，降低其烹调损失，提高煮后面条的硬度和拉伸强度（骆丽君等，2012）。刘锐等（2015a）采用三元二次回归正交旋转组合设计，探讨了真空度、加水量、和面时间等工艺参数对生鲜面条和冷藏面条感官和烹调特性的影响，确证了真空和面对面条质量的改善作用，并确定最佳真空度为 0.06MPa。这是由于真空和面可以提高和面均匀性，促进蛋白质与水的相互作用，有利于面筋网络结构在和面及压延过程中充分形成（Li 等，2014）。

加水量是影响和面效果的关键因素。理论上加水量要尽可能接近小麦粉本身的吸水能力。较多研究表明，机制面条面团的最适含水率为 35% 左右（雷激等，2004；张艳等，2007；Ye 等，2009；叶一力等，2010；李韦瑾等，2011）。Ye 等（2009）研究表明，加水量由 33% 增加至 37%，面片色泽 L^* 值显著降低，而色泽 a^* 值增加；煮制后面条的表观状态、硬度、黏弹性、光滑性和总评分等感官评分显著增加。Park 等（2002）研究表明，随着和面加水量的增加（31%~39%），面片色泽 a^* 值和熟面条的硬度显著降低。Hatcher 等（1999）研究了加水量对白盐面条质量的影响，结果表明，加水量从 28% 增加到 34%，生面条的色泽 L^* 值、厚度及烹调时间变小，熟面条的回复性、压缩抵抗力和最大剪切力也显著降低。

和面时间对面团的形成和面条质量有重要影响。生产实践表明，大容量（单次加 325kg 小麦粉）双轴卧式和面机的和面时间一般为 15min 左右，最少不应低于 10min（刘锐等，2013a）。刘锐等（Liu 等，2015；刘锐等，2015b）研究了真空和面时间对面条面团结构特性和水分结合状态的影响，结果表明，和面 8min 时，面团表现出较好的质构特性，和更加致密、均匀的内部结构，此时水分与非水物质的结合也最为紧密。和面时间不足（4min）会导致面团结构不均匀，面筋形成不充分，尤其对弱筋小麦粉的影响最为明显。和面时间过长（12min）会导致面筋延展过度，水分流动性增加，表层蛋白质减少或局部聚集。小麦粉蛋白质特性不同，受和面时间的影响也不相同，强筋小麦粉制作的面条面团相对耐揉混。合适的和面时间与和面机的类型、容量、和面速度、小麦粉品质有关（沈群等，2008）。

和面速度分为两种，即恒速和面和调速和面。较多国外学者在实验室制作面条时，采用高速搅拌与低速搅拌交替的方法和面，认为调速和面要优于恒速和面（Kruger 等，1994b；Baik 等，2003；Choy 等，2013；Barak 等，2013）。张艳等（2007）认为，和面前期低速搅拌时间过长，不易将大面块打碎，水与小麦粉难以充分接触，导致面团水分不均匀，面片上易出现白色条纹。和面速度的高低对和面效果也有影响。和面速度较慢，水与小麦粉接触不均匀；速度较快，搅拌杆的冲击力较大，温度升高，容易破坏已形成的面筋结构，且能耗较多。

第二节　熟化工艺

小麦粉颗粒和水分作用需要一定的时间，熟化可使面团中的水分分布更均匀，面筋蛋白水合更充分，形成较好的面筋网络结构，并消除部分内部应力。传统的手工挂面制作工艺中，有 3~5 次的熟化，从而保证手工挂面的顺利制作和质量。Cuq 等（2002）研究了和面条件和熟化时间对高水分面团（含水率 45%）毛细管流变特性的影响，结果表明，当和面时间较短（≤ 15min）时，熟化会使面团质地变软；而和面时间较长（≥ 30min）时，熟化会使其质地变硬。师俊玲等（2001a）研究发现，小麦粉中蛋白质呈不连续状与淀粉粒紧紧包裹在一起；絮状面团熟化 10min 后，蛋白质逐渐从淀粉粒的表面部分脱离，彼此粘连，形成一个连续、不定向的蛋白质基质群。

面条加工过程中的熟化包括面团熟化和面片熟化。面团熟化设备上连和面机，下接复合压延机，工业生产中常用的有圆盘式熟化机、卧式输送带式熟化机和单轴式熟化机。圆盘式熟化机在搅拌杆缓慢搅动的过程中，絮状面团易结块，且和面机中新落下的面团和已熟化一段时间的面团混合在一起，导致面团的熟化时间不一致（陆启玉，2007）。输送带式熟化机主要结构为一条输送带，和面机中的松散面团落在输送带上，在相对静止的条件下缓慢向复合压延机喂料口移动，输送带末端安装有搅拌拨杆，将结块的面团击碎后送入复合机喂料口；此类型熟化机可以较好控制熟化时间，保证物料的熟化时间一致。面片熟化设备一般配置在复合压延机和连续压延机组之间，主要有吊杆式和卧式网带式；其运行速度缓慢，面带在其上相对静止。面片熟化机一般是封闭式的，保持了一定的温度和相对湿度，减少了物料中的水分散失，但对熟化过程中的温度、相对湿度缺乏调控。

影响熟化效果的主要因素包括时间、温度和相对湿度等。孟专等（2009）认为，在僵硬状态下对面片进行连续压延加工，轧辊的载荷因为没有缓和时间会逐渐减小，面片因连续受压，面筋组织受到破坏，使面片失去抗拉性；面团熟化时间以 5min 为宜，面片熟化以 15~30min 为宜。刘婧竟（2007）的研究结果表明，面片熟化时，温度控制在 30℃，相对湿度 80%~90%，时间 60min，加工出的面条具有好的硬度、黏着性和咀嚼性。杨宏黎等（2008）研究了熟化条件对面条质构特性的影响，认为温度 35℃、相对湿度 80%~85%、时间 60min 为面片熟化的最佳条件；其进一步研究发现（杨宏黎，2007），面片熟化过程中，醇溶蛋白提取量减少，而谷蛋白提取量增加，推测熟化使小分子蛋白质通过—S—S—结合，使蛋白质相对分子质量变大（王灵昭等，2005），面筋蛋白组分的变化是熟化能够改善面条质量的内在原因之一。

熟化工艺对面条色泽的影响主要是由于多酚氧化酶（PPO）的褐变作用（Kruger 等，1994a；Baik 等，1995；葛秀秀等，2003）。Kruger 等（1994a）研究表明，小麦粉中 PPO 活性与生鲜面条的色泽 ΔL^* 值、Δb^* 值（0~24 h）高度相关（r=0.81 和 0.75；P<0.001）。Bhattacharya 等（1999）研究认为，无论白盐面条或是黄碱面条，在制作后 0~2h 的色泽变化最明显，L^* 值快速降低，b^* 值大幅度升高。熟化温度也会影响到面团中 PPO 的活性，温度较高会促进褐变（葛秀秀等，2003）。Morris 等（2011）研究认为，面团熟化对黄碱面条的色泽有显著影响，但并不是特别明显，而熟化作用对于面条质地的改善是非常必要的。考虑到生产效率、设备容积和色泽变化，面片熟化时间为 15~30min 较为适宜。

第三节　压延工艺

压延是通过轧辊的碾压作用，促进水分的均匀分布，使松散的面筋形成细密的网络组织，将淀粉粒包围起来。压延可以促使面团在低水分状态下形成较多的氢键，缩小蛋白质分子间的距离，形成二硫键，促进面筋网络形成。

复合压延机是将松散的面团压成两条面带，再复合压延成一条面带。Sutton等（2003）研究了复合压延道数对面包面团流变特性的影响，结果表明，试验初期，复合道数增加，面团的断裂应力和延伸黏度快速增加，复合10道时断裂应力最大，复合20道时延伸黏度最大，继续增加复合道数，断裂应力和延伸黏度均会明显下降。压延设备主要由多组轧辊、机座、动力传动系统、防护罩等组成。工业生产中压延通常为5~9道；常见的有复合压延3道，连续压延4~6道。复合压延一般采用波纹双向压延机，该设备模拟手工擀面，其轧辊表面呈现规则的光滑弧状凸起和凹陷，轧面时可使面带径向、轴向同时受力，轧出的面片面筋网络结构更加致密，黏弹性提高。

影响压延效果的因素主要有压延比和压延速度。压延比是面片通过某道轧辊的厚度差与进入前厚度的比值。压延比太高，会使已形成的面筋结构受到破坏，导致面片的工艺性能变劣；压延比太低，不利于面筋网络的充分形成和细密化，而且导致压延道数太多，设备庞大（李韦瑾等，2011）。压延速度应控制在一定范围内，保证面带在压延过程中处于“不余不绷”的状态。

第四节　干燥工艺

为了延长面条的保质期，便于贮藏、运输，可将鲜湿面条干燥后制成挂面。2003—2018年中国挂面产量持续增加。2018年挂面总产量在800万t左右，约消化全国15%的小麦粉。

早期的挂面生产是由手工制作，经自然晾晒而成。直到现在，一些地区仍采用这种传统的手工生产方式，其中一些产品品质独特，如四川中江挂面、陕西岐山挂面等，代表着传统挂面的精华。

干燥是挂面生产的重要工序，不仅对挂面质量有重要影响，而且与产量、厂房建设、设备投资以及能源消耗等经济指标密切相关。干燥工序要求挂面成品含水率控制在14.5%以下，表面和内部水分分布均匀，条型平直、色泽光亮，具有一定的机械强度和良好的烹调特性，不产生酥条、断条。

传统自然干燥，指利用大自然的热和风对湿面条进行晾晒，使其缓慢脱水，其生产效率低，且受气候限制，挂面质量和卫生难以保障。工业生产中的挂面干燥一般都采用热空气对流干燥，即利用热源将烘房中的空气加热，利用风扇等对流装置使热空气产生对流，用以加热湿面条，同时带走面条中蒸发出的水分，其中包含复杂的湿热传递和能量传递过程。

挂面干燥通常分为预干燥、主干燥和完成干燥3个阶段（Hou等，2010a；LS/T 1206—1992；居然等，1996；王杰等，2014b）。预干燥阶段的主要目的是蒸发面条表面水分，固定面条组织，防止由自身重力而导致的面条拉长或断裂（陆启玉，2007；王杰等，2014b）。主干燥阶段的前期要逐步提高干燥介质温度，调整相对湿度，保持表面层水分汽化速度小于或等于水分的内扩散速度，在主干燥的后期要继续增温，降低相对湿度，快速除去面条表面水分；主干燥阶段既是面条脱水的主要阶段，又是防止产品质量出现问题的关键阶段（陆启玉，2007）。完成干燥阶段属于降温散热阶段，靠流动空气的风力作用，降低挂面温度，脱去小部分水分，平衡面条内外水分和温度（王杰等，2014b）。

高温快速干燥法是由中国传统挂面干燥方法演变而来，干燥温度为50℃左右，干燥时间为2~2.5h，这种干燥方法采用比较高的温度，耗时较短、产量大，厂房建造投资少，设备简单；但稳定性差，产品质量难以保证，控制不当容易引起酥条（张伟，1999）。低温慢速干燥法是20世纪80年代由日本引进，该方法的最高温度在35℃以下，干燥时间7~8h，具有质量稳定可靠，设备配套性好，温度、相对湿度能够自控等特点；但干燥时间长，生产效率低，烘房占地面积大（张伟，1999；秦中庆，1995）。目前，挂面生产企业主要采用中温中速干燥法，主干燥区温度在45℃左右，干燥时间为3.5~4h，挂面质量较稳定，烘干效率较高（王杰等，2014b；武亮等，2015）；此干燥方法被列入行业标准《挂面生产工艺技术规程》（LS/T 1206—1992）。

挂面烘房的结构主要有索道式和隧道式两种。在索道式烘房中，单排挂面在传动链条的作用下往复式运行，运行距离长（约500m），转弯处易掉杆。隧道式烘房两端开放，挂面多排并列进入，全程直线运行，烘房长度一般为60 m左右。

面条属于内部扩散控制性物料，当水分的内扩散速率小于外扩散速率时，会使挂面产生酥条、裂纹、变形等不良后果（陆启玉，2007）。经典传热传质理论认为，温度越高，物料干燥速率越快，而干燥速率过快是导致产品质量劣变的重要原因（潘永康等，2007）。普遍应用的挂面干燥方法其主干燥区段的最高温度在45℃左右。而王春等（2010）的研究结果表明，干燥温度为70℃时，挂面的弯曲度、扭断力和煮后拉伸力较好。干燥介质的相对湿度也是影响挂面干燥效果的主要因素，调节相对湿度可以控制面条水分外扩散的速率，使面条保持合理的脱水速率。沈再春等（2001）研究认为，相对湿度是影响挂面干燥的主要因素，利用自然温度（>20℃），不需要人工加温，通过适度排潮控制烘房的相对湿度即可保证细挂面（宽度 / 厚度 / 直径 <1.2 mm）的干燥质量。徐秋水（1994）认为，干燥前期保持较高的相对湿度，使面条水分缓慢蒸发，保持外扩散与内扩散的速度基本平衡，可以防止面条表面结膜，防止酥条。行业标准 LS/T 1206—1992 要求，在预干燥、主干燥和完成干燥阶段，相对湿度应分别控制为 80% ~85%、75% ~80% 和 55% ~65%。烘房内风速不仅影响面条表面水分的蒸发速率，还影响烘房内温度、相对湿度的分布及均匀性，且在各干燥区段的影响方向和大小有所不同（武亮等，2015）。Chen 等（2000）研究乌冬面的热风干燥模型时，考虑到湿面条的强度，风速恒定为 1.8 m/s。Inazu 等（2003）研究表明，从经济低耗角度考虑，风速应在初始干燥阶段为 2 m/s，主干燥阶段为 1 m/s。罗忠民等（1988）认为，温度、相对湿度和时间是影响挂面干燥的主要因素，其中以相对湿度影响较大，其次为温度。而 Inazu 等（2002）研究表明，相对湿度对乌冬面表面水分扩散的影响小于温度。王杰等（2014a）研究了索道式烘房挂面干燥工艺对产品质量的影响，结果表明，烘房Ⅰ区温度和Ⅳ区相对湿度是挂面干燥工艺的关键控制点。Ⅰ区温度越高，挂面产品抗弯强度越大；Ⅳ区相对湿度越高，挂面产品含水率越高、色泽 a^* 值越小。

第五节　生产设备与技术发展趋势

目前，原材料和能源价格不断上涨，人力成本急剧增高，生产企业对于高效低耗型自动化设备的需求快速增长。生产过程自动化程度的提高，也有助于改善生产环境和稳定产品质量。2014 年，中国农业科学院农产品加工研究所、河北金沙河面业集团等单位通过产业优势技术集成创新，实现了“小麦收储、制粉、挂面加工、产品储运一体化和自动化模式”；设计了原粮自动检测分级系统，创新了连续真空和面、干燥双排柔性上架、节能降耗干燥、挂面自动送料和分料包装等技术（雷克鸿，2013；梁宝忠，2014；刘昊宇，2014）；其发展对于挂面产业的提升意义重大。中国农业机械化科学研究院设计的一种全封闭智能控制挂面干燥系统，利用自动化控制系统和空气集中处理系统对空间内的温度、相对湿度、风速等参数进行调节，有利于干燥工艺标准化和质量控制（李世岩等，2012）。未来面条生产设备与技术的发展必然向着优质高效、节能减排的自动化或智能化方向发展。绿色节能的干燥工艺是发展的必然趋势；太阳能、地热、空气能等绿色能源的利用将得到发展。提高各类面条产品的包装机械化和自动化水平，完成从前段加工到后段包装的自动化对接，也是提高面条生产全过程技术水平的重要环节（刘凡等，2011）。面条生产中各部分单机的性能将得到持续改进和创新，全自动化控制的、可以根据产品特性（形状、规格、配料等）智能调节的成套生产设备将得到研发和推广。

第三章

和面方式对和面效果及面条质量的影响

第一节　概述

在面条行业现代化进程中，生产工艺和设备水平在不断提高。和面工序作为面条生产的关键环节，其设备的运行效果和自动化程度倍受关注。和面效果对后续工序和最终产品质量影响较大。良好的和面效果是保证面条质量稳定的基础。和面过程是使干面粉与水在适当强度的搅拌下均匀混合，形成面团。与传统的含水率 50%~60% 的面团不同，工业化面条面团是一种含水率仅为 30%~35% 的松散絮状物。面条和面工艺要求和出的面团吸水适当、均匀，色泽一致，颗粒松散，粒度大小一致，面筋扩展适宜（陆启玉，2007；沈群等，2008；Fu 等，2008）。

面条工业化生产中，和面设备的类型主要有立式、卧式、高速连续及真空和面机等多种形式。卧式和面机是挂面生产中应用最多的一种和面设备，包括单轴和双轴两种。单轴和面机结构简单，搅拌不均匀，和面效果较差；双轴和面机应用最为广泛。后者根据搅拌杆构型，分为棒状搅拌杆和角度桨叶状搅拌杆。根据和面速度组合，和面机又可分为恒速和调速。理论分析认为，具有一定角度的桨叶状搅拌杆能使小麦粉在和面机内沿纵向和轴向运行，从而更好地保证和面均匀性和充分性（陆启玉，2007；沈群等，2008；Fu 等，2008）。较多学者在实验室面条制作时，采用高速与低速交替的方法和面，认为调速和面要优于恒速和面（Kruger 等，1994b；Zhang 等，2005b；张艳等，2007）。为保证生产的连续性，提高自动化程度，日本粉研株式会社研发出高速连续和面机，小麦粉和水按比例进入和面机，在 800~1500r/min 高速旋转下产生气流，使水与小麦粉在“雾化”状态下接触，小麦粉快速吸水，从和面机底端卸料，实现了连续化生产。理论分析认为，在高速搅拌下，“雾化”的小麦粉与水的接触面明显增大，从而着水充分、均匀（陆启玉，2007；沈群等，2008；Fu 等，2008；Hou 等，2010a）。连续和面机根据小麦粉的输送方式又分为立式（纵向输送）和卧式（水平输送）两种（魏明东等，2010，2011）。高速连续和面机在面条工业化生产中得到应用推广，越来越多的企业选择使用连续和面机，以提高生产效率，减少人工成本。关于不同和面方式制面效果及其对面条质量影响的系统研究尚属空白，导致生产企业在设备选型方面缺乏数据和理论支撑，和面机械的设计也缺少理论依据，不利于面条工业的快速发展。

本章以 3 种质量不同的小麦粉为材料，采用不同工业化和面机和面，其中包括搅拌杆构型和搅拌速度不同的两种双轴卧式和面机与输料方式和搅拌速度不同的两种高速连续和面机，比较分析和面效果及面条质量，明确不同工业化和面方式的优缺点，以期为和面设备的设计制造和面条工业化生产提供依据和参考。

第二节 材料与方法

一、试验材料

小麦粉为河北金沙河面业集团生产的高筋一等粉、富强粉、上白粉。

样品小麦粉的品质性状如表 3-1 所示。上白粉的各品质性状与高筋一等粉、富强粉均有显著性差异；高筋一等粉的灰分含量、湿面筋含量、面筋指数、吸水量、延伸性与富强粉有显著性差异，而其他性状间差异不显著。

表 3-1 样品小麦粉品质性状

小麦粉	灰分含量 /%	粗细度 /%	蛋白质含量 /%	湿面筋含量 /%
高筋一等粉	0.48 ± 0.01[c]	24.8 ± 0.67[a]	11.86 ± 0.16[c]	30.6 ± 0.53[c]
富强粉	0.53 ± 0.01[b]	23.2 ± 1.02[a]	12.70 ± 0.18[b]	32.9 ± 0.60[b]
上白粉	0.69 ± 0.02[a]	17.6 ± 0.46[b]	14.72 ± 0.30[a]	36.7 ± 0.80[a]

小麦粉	面筋指数 /%	吸水量 /（mL/100g）	最大拉伸阻力 /EU	延伸性 /mm
高筋一等粉	63 ± 5.88[a]	60.1 ± 0.37[c]	308 ± 19.47[a]	125 ± 4.74[c]
富强粉	58 ± 5.66[b]	60.7 ± 0.50[b]	298 ± 11.19[a]	135 ± 9.01[b]
上白粉	48 ± 4.63[c]	61.8 ± 0.68[a]	239 ± 17.45[b]	166 ± 7.14[a]

注：字母不同表示同一列数据之间存在显著性差异（$P<0.05$）。

二、仪器与设备

550 型卧式和面机（河南东方食品机械设备有限公司）；765 型卧式和面机（河南东方食品机械设备有限公司）；立式连续和面机（河南东方食品机械设备有限公司）；卧式连续和面机（河南东方食品机械设备有限公司）；DA 7200 型近红外分析仪测定（瑞典 Perten 公司）；面筋分析仪（瑞典 Perten 公司）；布拉本德粉质仪（德国布拉本德公司）；布拉本德拉伸仪（德国布拉本德公司）；Minolta CR-400 型色彩色差计（日本柯尼卡美能达公司）；JMTD-168/140 型试验面条机（北京东方孚德科技发展中心）；TA-XT2i 型质构仪（英国 Stable Micro System 公司）。

三、试验设计

和面方式Ⅰ：采用 550 型双轴卧式和面机，棒状搅拌杆，恒速和面；添加 225kg 小麦粉、67.5kg 水和 2.25kg 食盐，目标面团含水率控制在 32% 左右。恒速（80 r/min）搅拌 13min。

和面方式Ⅱ：采用 765 型双轴卧式和面机，浆叶状搅拌杆（角度叶片），调速和面；每次添加 325kg 小麦粉、97.5kg 水和 3.25kg 食盐，面团含水率控制在 32% 左右；先低速（70r/min）搅拌 120s，然后高速（105r/min）搅拌 120s，再低速（70r/min）搅拌 540s，共计 13min。

和面方式Ⅲ：采用立式连续和面机，小麦粉和盐水在高速（970r/min）搅拌下按比例进入和面机，供粉速度 24kg/min，面团含水率控制在 32% 左右；后续均质和面采用双轴卧式均质机，搅拌速度 90r/min，搅拌输送时间 9min。

和面方式Ⅳ：采用卧式连续和面机，小麦粉和盐水在高速（1440r/min）搅拌下按比例进入和面机，供粉速度 24kg/min，面团含水率控制在 32% 左右；后续均质和面采用双轴卧式均质机，搅拌速度 90r/min，搅拌输送时间 9min。

每种小麦粉在 4 种和面方式下各重复和面 3 次，和面试验共 36 次。

四、试验方法

（一）小麦粉质量测定方法

①水分、灰分：采用 Perten DA 7200 型近红外分析仪测定。

②粗细度：参照《粮油检验　粉类粗细度测定》（GB/T 5507—2008），筛绢规格采用CB42。

③湿面筋含量：参照《小麦和小麦粉　面筋含量　第1部分：手洗法测定湿面筋》（GB/T 5506.1—2008），面筋指数采用瑞典Perten公司面筋指数测定仪测定。

④粉质参数：采用德国Brabender粉质仪测定，参照《粮油检验　小麦粉面团流变学特性测试　粉质仪法》（GB/T 14614—2019）。

⑤拉伸参数：采用德国Brabender拉伸仪测定，参照《粮油检验　小麦粉面团流变学特性测试　拉伸仪法》（GB/T 14615—2019）。

（二）和面效果分析方法

1. 面絮质量性状测定

水分含量测定参照《食品安全国家标准　食品中水分的测定》（GB 5009.3—2016）。

水分均匀性测定参照《挂面生产工艺测定方法》（LS/T 1207—1992）。

胚粒粒径分布测定：完成和面后停机开盖，取面絮300~400g，取样点为和面缸的四角和中心共5点。依次用孔径为4000μm（5目）、2360μm（8目）、1180μm（14目）、500μm（35目）、250μm（60目）的标准分样筛筛分，计算不同粒径胚粒占面絮胚粒总质量的百分比。

2. 面片质量性状测定

色泽采用Minolta CR-400型色彩色差计测定。

色泽均匀性测定：在面片的10个不同部位测定色泽，以10次测定值的标准差（*SD*）表示其色泽均匀性；数值越大，色泽均匀性越差。

（三）面条制作方法

参照张波等（2012）和张影全等（2013）的方法。将面絮放入自封袋，密封醒发30min，然后倒入JMTD -168/140型试验面条机上压延。压延工序：3.0mm轴间距压延3次，其中直接压1次、对折压2次；放入自封袋，密封醒发30min。在2.4、1.8、1.4、1.0mm轴间距分别压1次，控制最终厚度1.0~1.1mm。面条干燥工艺参照《面条用小麦粉》（LS/T 3202—1993）。先置于温度40℃、相对湿度75%的恒温恒湿箱中10 h；取出自然晾干10 h。晾干的面条装入自封袋中备用。

（四）面条质量评价方法

1. 鲜面条拉伸特性测定

将3根鲜面条无空隙并排放置在面团拉伸仪的平衡臂上，两端以胶带固定，使面条处于不余不绷的状态，启动拉面钩，直至面条断裂。可得到延伸性、最大拉伸阻力和最大拉伸比3个参数。每个试样做6次平行试验。

2. 面条烹调特性测定

最佳煮制时间测定：参照《挂面》（LS/T 3212—2014）进行。

烹调损失和烹调吸水率测定：参照LS/T 3212—2014进行，略作修改。称取10g样品，放入盛有500mL沸水（蒸馏水）的不锈钢盆中，用电磁炉加热，保持水的微沸状态，按最佳煮制时间煮熟后，捞出面条后静置5min（此时面条表面的水分完全沥干），称质量，计算吸水率。面汤在电磁炉上蒸发至近干，在105℃烘箱中烘至恒重，计算烹调损失。参照Huang（2012）和张艳等（2012）的研究结果，面条烹调吸水率越大，表明耐煮性越差。

3. 面条质构分析（TPA）试验

采用TA-XT2i型质构仪测定熟面条的质构特性。TPA试验中可以得到硬度、黏着性、弹性、黏聚性、胶着性、咀嚼性和回复性7个参数。

取500mL自来水倒入锅中，在电磁炉上煮沸；称取5根干面条样品，放入沸水锅内，温度保持在150℃；煮制最佳煮制时间时，立即捞出面条，以流动的自来水冲淋约30s；然后把5根面条无空隙并排放置于测定平台上进行TPA测试。每个样品重复3次。

试验参数设定：测定模式为TPA模式，选择A/LKB-F探头；测定前速度2mm/s，测定时速度0.8mm/s，测定后速度2mm/s，压缩比70%，2次压缩停留间隔10 s，起点感应力（触发值）10g，数据采集频率200Hz。

4. 面条感官评价试验

参照张波等（2012）的方法。以小偃6号小麦品种制作的面条为对照材料，对照样品感官评价总评分为80分。采用标度感官评价方法，经培训和测试的感官评价员组成的感官评价小组对煮制后面条的感官质量特性评分。感官评价小组由5人组成。面条感官质量包括色泽（15分）、表观状态（10分）、硬度（20分）、弹性（20分）、黏性（20分）、光滑性（10分）、食味（5分），总分100分。

（五）数据统计与分析

采用 Excel 2007 进行数据整理。采用 SPSS 16.0 中的单因素方差分析（One-Way ANOVA）程序对不同处理条件下得到的试验数据进行方差分析，最小显著性差异法（LSD）进行多重比较。

第三节　结果与分析

一、和面方式与和面效果分析

面条和面工艺要求得到的面团吸水适当、均匀，色泽一致，颗粒松散，粒度大小一致，面筋扩展适宜。本章将面絮的水分均匀性和胚粒粒径分布与面片的水分均匀性、色泽及色泽均匀性作为和面效果的表征和评价指标（刘锐等，2012，2013a，2013b）。

从表 3-2 可以看出，对于高筋一等粉，和面方式Ⅰ的面絮水分均匀性显著差于其他 3 种和面方式，而和面方式Ⅱ的面絮水分均匀性显著优于其他和面方式；对于富强粉和上白粉，4 种和面方式的面絮水分均匀性无显著性差异（$P<0.05$）。

不同和面方式制作的面絮胚粒粒径分布存在显著性差异（表 3-2）。和面方式Ⅰ（550 型双轴卧式和面机）的面絮胚粒粒径相对较大，大颗粒（粒径 ≥ 4000 μm）胚粒的比例明显较高；其主体胚粒群的粒径 ≥ 4000 μm，占整体比例的 56% 以上。和面方式Ⅱ（765 型双轴卧式和面机）的面絮胚粒粒径相对较小，小颗粒（粒径 <1180 μm）胚粒的比例较高，主体胚粒群的粒径为 500~1180 μm，占整体比例的 35% 左右。两种高速连续和面机制作的面絮的胚粒粒径分布介于和面方式Ⅰ和Ⅱ之间，其主体胚粒群的粒径 ≥ 4000 μm，而大颗粒胚粒的比例显著小于和面方式Ⅰ。对于高筋一等粉和富强粉，和面方式Ⅲ和Ⅳ的面絮胚粒粒径分布无明显的差异，仅和面方式Ⅲ的中等粒径（≥ 1180~2360 μm）胚粒比例显著较高。对于上白粉，和面方式Ⅳ的面絮胚粒粒径相对较大，其粒径≥ 4000 μm 的胚粒比例显著高于和面方式Ⅲ，而中小粒径（<2360 μm）的胚粒比例显著较低。

表 3-2　　不同和面方式的面絮质量性状比较

小麦粉	和面方式	水分均匀性 /%	胚粒粒径分布 /%				
			<500 μm	≥ 500~1180 μm	≥ 1180~2360 μm	≥ 2360~4000 μm	≥ 4000 μm
高筋一等粉	Ⅰ	0.90 ± 0.43^{a}	3.0 ± 1.42^{b}	17.5 ± 3.85^{c}	10.6 ± 0.91^{c}	10.8 ± 0.39^{c}	58.2 ± 6.42^{a}
	Ⅱ	0.13 ± 0.05^{c}	12.7 ± 2.99^{a}	35.2 ± 1.65^{a}	14.3 ± 0.91^{b}	11.3 ± 0.58^{bc}	29.6 ± 3.09^{c}
	Ⅲ	0.17 ± 0.09^{bc}	4.3 ± 0.79^{b}	28.3 ± 2.71^{b}	16.3 ± 0.32^{a}	13.2 ± 0.79^{a}	39.0 ± 3.60^{b}
	Ⅳ	0.26 ± 0.06^{b}	5.4 ± 1.76^{b}	25.1 ± 3.18^{b}	13.7 ± 0.35^{b}	12.0 ± 0.48^{ab}	41.4 ± 4.15^{b}
富强粉	Ⅰ	0.65 ± 0.47^{a}	2.4 ± 0.96^{bc}	18.4 ± 2.89^{c}	11.6 ± 0.42^{c}	11.4 ± 0.88^{b}	56.2 ± 3.96^{a}
	Ⅱ	0.33 ± 0.33^{a}	13.0 ± 1.42^{a}	35.2 ± 0.93^{a}	14.1 ± 0.48^{b}	10.8 ± 0.66^{b}	26.9 ± 1.34^{c}
	Ⅲ	0.23 ± 0.13^{a}	1.7 ± 0.25^{c}	21.0 ± 1.72^{bc}	15.7 ± 0.31^{a}	14.2 ± 0.77^{a}	47.5 ± 2.36^{b}
	Ⅳ	0.35 ± 0.08^{a}	3.8 ± 0.70^{b}	23.7 ± 2.21^{b}	13.6 ± 0.76^{b}	13.3 ± 0.46^{a}	45.6 ± 3.82^{b}
上白粉	Ⅰ	0.31 ± 0.21^{a}	0.1 ± 0.09^{d}	4.9 ± 2.59^{c}	6.8 ± 2.27^{c}	8.9 ± 1.99^{b}	79.2 ± 6.91^{a}
	Ⅱ	0.29 ± 0.14^{a}	11.7 ± 0.76^{a}	34.7 ± 2.23^{a}	14.2 ± 1.03^{ab}	11.1 ± 0.65^{a}	28.4 ± 3.13^{c}
	Ⅲ	0.36 ± 0.22^{a}	6.4 ± 0.78^{b}	33.6 ± 2.42^{a}	16.0 ± 0.48^{a}	12.4 ± 0.51^{a}	31.6 ± 2.56^{c}
	Ⅳ	0.26 ± 0.24^{a}	2.8 ± 1.24^{c}	19.3 ± 3.77^{b}	13.7 ± 1.56^{b}	13.6 ± 2.41^{a}	50.7 ± 6.17^{b}

注：①字母不同表示同一列数据之间存在显著性差异（$P<0.05$）；

②和面方式Ⅰ采用 550 型双轴卧式和面机，和面方式Ⅱ采用 765 型双轴卧式和面机，和面方式Ⅲ采用立式连续和面机，和面方式Ⅳ采用卧式连续和面机。

面絮经过 3 次复合压延形成面片，厚度 2.58~2.75mm。不同和面方式对面片的色泽（CIE L^*、a^*、b^*）有显著影响（表 3-3）。从 3 种小麦粉的统计结果整体来看，和面方式Ⅰ制作的面片色泽 L^* 值显著较低，而色泽 b^* 值显著较高；和面方式Ⅱ制作的面片色泽 a^* 值较高；和面方式Ⅳ的面片色泽 L^* 值显著较高，色泽 b^* 值显著较低（$P<0.05$）。对于面条色泽而言，中国消费者希望有较高的 L^* 值、较低的 a^* 值和 b^* 值（张影全等，2013）。和面方式Ⅰ制作的面片色泽较差，其亮度低、黄度高，呈暗黄色；和面方式Ⅳ制作的面片色泽较好，亮度高而黄度低，更接近于白色，较为符合中国消费者的要求。

不同和面方式对面片色泽均匀性的影响如表 3-3 所示。和面方式Ⅰ制作的高筋一等粉面片的色泽 L^*、a^*、b^* 值均匀性显著低于其他 3 种和面方式，富强粉面片的色泽 L^* 值均匀性和上白粉面片的色泽 a^* 值均匀性显著较差。上述结果表明，和面方式Ⅰ制作的面片色泽均匀性较差。其他 3 种和面方式对面片色泽均匀性的影响并不显著，仅富强粉面片的色泽 b^* 值均匀性表现出一定的差异，和面方式Ⅳ制作的面片 b^* 值均匀性显著差于和面方式Ⅲ。

表 3-3 不同和面方式的面坯质量性状比较

小麦粉	和面方式	色泽			色泽均匀性		
		L^*	a^*	b^*	L^*	a^*	b^*
高筋一等粉	Ⅰ	85.11 ± 0.72^{c}	−0.92 ± 0.10^{c}	17.92 ± 1.13^{a}	0.48 ± 0.10^{a}	0.09 ± 0.01^{a}	1.01 ± 0.14^{a}
	Ⅱ	86.10 ± 0.93^{b}	−0.74 ± 0.10^{a}	17.11 ± 0.68^{b}	0.30 ± 0.02^{b}	0.05 ± 0.03^{b}	0.48 ± 0.09^{b}
	Ⅲ	85.95 ± 0.34^{b}	−0.87 ± 0.07^{b}	17.55 ± 0.65^{ab}	0.30 ± 0.10^{b}	0.06 ± 0.01^{b}	0.66 ± 0.09^{b}
	Ⅳ	87.35 ± 0.52^{a}	−0.76 ± 0.08^{a}	15.52 ± 1.04^{c}	0.38 ± 0.07^{ab}	0.06 ± 0.01^{b}	0.92 ± 0.38^{ab}
富强粉	Ⅰ	84.27 ± 0.68^{b}	−0.38 ± 0.07^{b}	17.45 ± 0.94^{a}	0.62 ± 0.12^{a}	0.06 ± 0.01^{a}	0.91 ± 0.28^{ab}
	Ⅱ	85.00 ± 0.42^{a}	−0.25 ± 0.07^{a}	17.13 ± 0.76^{ab}	0.38 ± 0.07^{b}	0.06 ± 0.02^{a}	0.77 ± 0.15^{ab}
	Ⅲ	83.31 ± 0.60^{c}	−0.25 ± 0.06^{a}	17.55 ± 0.83^{a}	0.45 ± 0.05^{ab}	0.05 ± 0.01^{a}	0.68 ± 0.09^{b}
	Ⅳ	85.09 ± 0.65^{a}	−0.26 ± 0.06^{a}	16.54 ± 1.17^{b}	0.57 ± 0.22^{ab}	0.06 ± 0.00^{a}	1.05 ± 0.22^{a}
上白粉	Ⅰ	79.65 ± 0.83^{b}	0.44 ± 0.16^{a}	19.54 ± 0.91^{a}	0.74 ± 0.34^{a}	0.13 ± 0.06^{a}	0.90 ± 0.16^{a}
	Ⅱ	81.67 ± 0.84^{a}	0.52 ± 0.08^{a}	17.24 ± 0.98^{b}	0.54 ± 0.13^{a}	0.07 ± 0.01^{b}	0.78 ± 0.21^{a}
	Ⅲ	82.01 ± 0.64^{a}	0.30 ± 0.07^{b}	17.09 ± 0.94^{b}	0.55 ± 0.19^{a}	0.04 ± 0.02^{b}	0.82 ± 0.24^{a}
	Ⅳ	81.69 ± 1.07^{a}	0.32 ± 0.09^{b}	17.14 ± 1.16^{b}	0.74 ± 0.07^{a}	0.07 ± 0.02^{ab}	0.96 ± 0.11^{a}

注：①字母不同表示同一列数据之间存在显著性差异（$P<0.05$）；

②和面方式Ⅰ采用 550 型双轴卧式和面机，和面方式Ⅱ采用 765 型双轴卧式和面机，和面方式Ⅲ采用立式连续和面机，和面方式Ⅳ采用卧式连续和面机。

二、和面方式对面条质量的影响

不同和面方式对鲜面条的拉伸特性有显著影响（表 3-4）。整体来看，和面方式Ⅰ和Ⅲ制作的鲜面条拉伸特性差于和面方式Ⅱ和Ⅳ。以高筋一等粉为原料，和面方式Ⅲ制作的鲜面条延伸性和最大拉伸阻力显著低于其他 3 种和面机；以上白粉为原料，和面方式Ⅰ制作的鲜面条延伸性、最大拉伸阻力和最大拉伸比显著低于其他 3 种和面机。和面方式Ⅱ和Ⅳ之间无显著性差异。

不同和面方式对干面条烹调特性的影响如图 3-1 所示。3 种小麦粉的整体分析结果显示，和面方式Ⅱ制作的面条的烹调损失和吸水率均显著低于其他 3 种和面方式。对于高筋一等粉和富强粉，和面方式Ⅰ制作的干面条烹调损失显著高于其他和面方式；对于上白粉，和面方式Ⅰ制作的干面条烹调损失显著大于和面方式Ⅱ，而小于两种高速连续和面机。就两种连续和面机而言，与和面方式Ⅲ相比，和面方式Ⅳ制作的高筋一等粉和富强粉干面条的烹调损失显著较高，而上白粉干面条的烹调吸水率较低。

表 3-4　　和面方式对鲜面条拉伸特性的影响

小麦粉	和面方式	延伸性 /mm	最大拉伸阻力 /EU	最大拉伸比
高筋一等粉	Ⅰ	8.2 ± 1.22[b]	56 ± 5.62[b]	6.9 ± 0.90[a]
	Ⅱ	8.8 ± 0.88[ab]	62 ± 6.81[a]	7.1 ± 0.60[a]
	Ⅲ	7.0 ± 0.98[c]	47 ± 4.15[c]	6.9 ± 0.80[a]
	Ⅳ	9.3 ± 1.24[a]	67 ± 6.88[a]	7.3 ± 0.57[a]
富强粉	Ⅰ	10.2 ± 1.93[ab]	64 ± 9.53[b]	6.3 ± 0.94[b]
	Ⅱ	11.7 ± 0.78[a]	77 ± 5.79[a]	6.6 ± 0.43[ab]
	Ⅲ	9.8 ± 1.28[b]	67 ± 5.34[b]	6.9 ± 0.73[ab]
	Ⅳ	10.7 ± 0.98[ab]	74 ± 9.12[ab]	7.0 ± 0.70[a]
上白粉	Ⅰ	10.9 ± 1.30[b]	72 ± 7.04[c]	6.6 ± 0.73[c]
	Ⅱ	13.0 ± 1.21[a]	109 ± 6.52[a]	8.4 ± 0.68[a]
	Ⅲ	11.7 ± 1.24[b]	87 ± 7.54[b]	7.5 ± 0.40[b]
	Ⅳ	13.6 ± 1.53[a]	103 ± 15.20[a]	7.6 ± 0.63[b]

注：①字母不同表示同一列数据之间存在显著性差异（$P<0.05$）；

②和面方式Ⅰ采用 550 型双轴卧式和面机，和面方式Ⅱ采用 765 型双轴卧式和面机，和面方式Ⅲ采用立式连续和面机，和面方式Ⅳ采用卧式连续和面机。

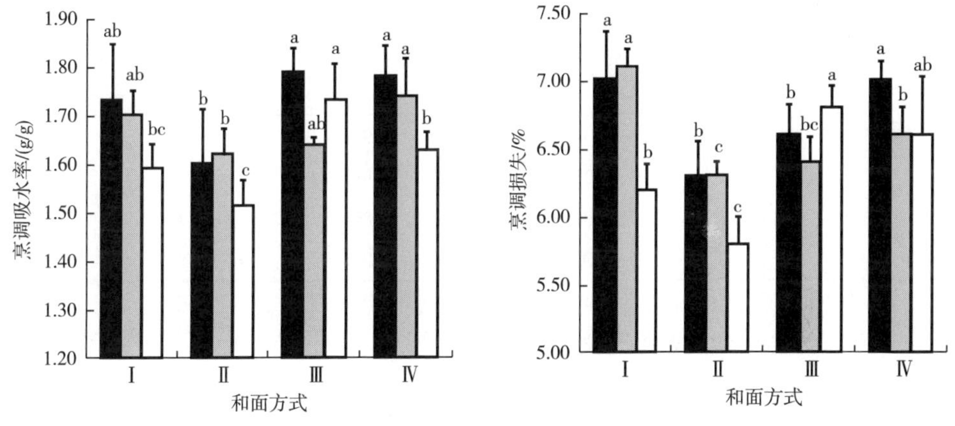

图 3-1　和面方式对干面条烹调特性的影响

注：字母不同表示同一小麦粉不同和面方式之间存在显著性差异（$P<0.05$）。

不同和面方式对熟面条 TPA 质构参数中的弹性、黏着性无显著影响，而对硬度、黏聚性、胶着性和咀嚼性影响显著（表 3-5）。整体来看，和面方式Ⅰ

（550 型恒速卧式和面机）制作的面条的硬度、黏聚性、胶着性和咀嚼性均较低，表明其熟面条的硬度小，不耐咀嚼。和面方式Ⅱ（765 型调速卧式和面机）制作的面条硬度、黏聚性、胶着性和咀嚼性均显著高于其他 3 种和面方式，表明其熟面条质地紧实、富有咀嚼性。两种高速连续和面机制作的面条的硬度、胶着性和咀嚼性存在显著性差异；对于不同品质的小麦粉，其差异表现不一致。对于高筋一等粉和富强粉，和面方式Ⅲ制作的面条的硬度、胶着性、咀嚼性均显著高于和面方式Ⅳ；而对于上白粉，和面方式Ⅲ制作的面条的硬度、胶着性、咀嚼性则显著小于和面方式Ⅳ。

表 3-5 和面方式对熟面条质构参数的影响

小麦粉	和面方式	硬度 /g	弹性	黏着性 /（-g · s）	黏聚性	胶着性	咀嚼性
高筋一等粉	Ⅰ	217 ± 10.75[c]	1.00 ± 0.02[a]	0.40 ± 1.11[a]	0.585 ± 0.01[b]	127 ± 7.16[c]	126 ± 7.16[c]
	Ⅱ	245 ± 12.41[a]	1.01 ± 0.08[a]	0.28 ± 0.64[a]	0.594 ± 0.02[a]	146 ± 7.45[a]	146 ± 8.70[a]
	Ⅲ	229 ± 9.48[b]	0.99 ± 0.02[a]	0.57 ± 1.26[a]	0.587 ± 0.01[b]	135 ± 4.86[b]	133 ± 6.30[b]
	Ⅳ	211 ± 10.11[c]	0.99 ± 0.01[a]	1.02 ± 2.01[a]	0.594 ± 0.01[a]	125 ± 6.10[c]	124 ± 6.51[c]
富强粉	Ⅰ	211 ± 9.40[d]	1.01 ± 0.04[a]	0.08 ± 0.41[a]	0.590 ± 0.02[ab]	125 ± 8.35[d]	126 ± 11.82[c]
	Ⅱ	244 ± 8.58[a]	0.99 ± 0.01[a]	0.01 ± 0.02[a]	0.599 ± 0.01[a]	147 ± 5.57[a]	146 ± 5.73[a]
	Ⅲ	239 ± 8.06[b]	1.00 ± 0.04[a]	0.36 ± 1.26[a]	0.591 ± 0.02[ab]	141 ± 6.09[b]	142 ± 9.08[a]
	Ⅳ	228 ± 5.97[c]	1.00 ± 0.02[a]	0.47 ± 1.08[a]	0.586 ± 0.01[b]	134 ± 5.23[c]	133 ± 6.43[b]
上白粉	Ⅰ	229 ± 17.08[d]	1.01 ± 0.04[a]	0.00 ± 0.00[a]	0.590 ± 0.01[b]	136 ± 9.78[c]	138 ± 9.64[d]
	Ⅱ	291 ± 10.28[a]	0.99 ± 0.01[a]	0.23 ± 1.10[a]	0.599 ± 0.01[a]	174 ± 5.24[a]	173 ± 5.24[a]
	Ⅲ	260 ± 11.80[c]	0.99 ± 0.01[a]	0.28 ± 0.75[a]	0.589 ± 0.01[b]	153 ± 7.94[b]	152 ± 8.03[c]
	Ⅳ	281 ± 11.22[b]	1.00 ± 0.02[a]	0.59 ± 1.74[a]	0.585 ± 0.02[b]	164 ± 7.52[a]	164 ± 7.92[b]

注：①字母不同表示同一列数据之间存在显著性差异（$P<0.05$）；
②和面方式Ⅰ采用 550 型双轴卧式和面机，和面方式Ⅱ采用 765 型双轴卧式和面机，和面方式Ⅲ采用立式连续和面机，和面方式Ⅳ采用卧式连续和面机；
③回复性之间无显著性差异，故未列入表 3-5。

不同和面方式制作的面条的感官评价得分如表 3-6 所示。和面方式对面条色泽、表观、弹性、黏性及总评分有显著影响，而对硬度、光滑性和食味评分影响不显著。对于高筋一等粉，不同和面方式的色泽评分差异不显著；对于富强粉和上白粉，和面方式Ⅰ制作的面条色泽评分较低，这是由于其亮度和白度较低，色泽均匀性较差（表 3-3）。以高筋一等粉和上白粉为原料，和面方式Ⅳ制作的面条表观评分显著低于其他3种和面方式。3种小麦粉的整体分析结果显示，和面方式Ⅰ制作的面条弹性评分显著低于其他和面方式，而其他3种和面方式之间差异不显著。以高筋一等粉和富强粉为原料，和面方式Ⅱ制作的面条黏性评分显著较高。就感官总评分而言，对于高筋一等粉和上白粉，不同和面方式之间无显著性差异；而对于富强粉，和面方式Ⅰ制作的面条的感官总评分显著低于其他3种和面方式。

表3-6　和面方式对面条感官质量的影响

小麦粉	和面方式	色泽	表观状态	硬度	弹性
高筋一等粉	Ⅰ	14.4 ± 0.00^{a}	8.0 ± 0.00^{a}	16.8 ± 3.20^{a}	12.3 ± 1.22^{b}
	Ⅱ	13.0 ± 1.25^{a}	8.0 ± 0.00^{a}	19.2 ± 0.80^{a}	14.7 ± 0.92^{a}
	Ⅲ	13.2 ± 1.04^{a}	8.0 ± 0.00^{a}	18.7 ± 1.22^{a}	13.6 ± 1.60^{ab}
	Ⅳ	13.4 ± 0.92^{a}	7.6 ± 0.40^{b}	16.8 ± 0.00^{a}	14.4 ± 0.80^{a}
富强粉	Ⅰ	9.4 ± 2.11^{b}	8.0 ± 0.40^{a}	18.9 ± 0.92^{a}	13.1 ± 1.22^{b}
	Ⅱ	13.2 ± 1.80^{a}	8.0 ± 0.40^{a}	19.2 ± 0.80^{a}	14.9 ± 1.22^{a}
	Ⅲ	10.8 ± 2.08^{ab}	8.1 ± 0.23^{a}	19.5 ± 0.92^{a}	15.2 ± 0.80^{a}
	Ⅳ	11.4 ± 1.04^{ab}	8.0 ± 0.40^{a}	20.0 ± 0.00^{a}	14.9 ± 0.46^{a}
上白粉	Ⅰ	5.5 ± 1.05^{b}	8.3 ± 0.23^{a}	18.9 ± 1.85^{a}	14.1 ± 1.22^{b}
	Ⅱ	6.6 ± 0.60^{ab}	7.9 ± 0.23^{a}	17.6 ± 0.80^{a}	15.2 ± 0.00^{ab}
	Ⅲ	8.4 ± 2.08^{a}	8.0 ± 0.00^{a}	18.1 ± 1.22^{a}	15.2 ± 0.00^{a}b
	Ⅳ	6.0 ± 1.80^{ab}	7.2 ± 0.40^{b}	18.7 ± 0.46^{a}	16.3 ± 1.22^{a}

小麦粉	和面方式	黏性	光滑性	食味	总评分
高筋一等粉	Ⅰ	18.4 ± 0.80^{ab}	7.5 ± 0.46^{a}	3.9 ± 0.31^{a}	82.0 ± 5.01^{a}
	Ⅱ	19.7 ± 0.46^{a}	7.9 ± 0.23^{a}	3.8 ± 0.00^{a}	86.3 ± 0.48^{a}
	Ⅲ	17.9 ± 1.85^{ab}	7.7 ± 0.61^{a}	3.8 ± 0.35^{a}	82.9 ± 3.75^{a}
	Ⅳ	17.1 ± 1.66^{b}	7.2 ± 0.69^{a}	4.1 ± 0.23^{a}	80.6 ± 2.25^{a}
富强粉	Ⅰ	18.1 ± 0.46^{b}	7.3 ± 1.16^{a}	4.2 ± 0.20^{a}	79.1 ± 1.03^{b}
	Ⅱ	19.5 ± 0.46^{a}	7.1 ± 0.23^{a}	3.9 ± 0.31^{a}	85.8 ± 0.80^{a}
	Ⅲ	17.6 ± 0.00^{b}	7.7 ± 0.61^{a}	3.9 ± 0.12^{a}	82.8 ± 1.93^{a}
	Ⅳ	18.9 ± 0.92^{ab}	8.0 ± 0.69^{a}	4.0 ± 0.20^{a}	85.3 ± 3.01^{a}
上白粉	Ⅰ	19.2 ± 0.00^{a}	7.7 ± 0.61^{a}	4.1 ± 0.12^{a}	78.9 ± 1.94^{a}
	Ⅱ	19.2 ± 0.80^{a}	6.8 ± 0.00^{a}	4.0 ± 0.20^{a}	76.0 ± 1.53^{a}
	Ⅲ	17.6 ± 2.12^{a}	7.1 ± 0.23^{a}	4.1 ± 0.31^{a}	78.5 ± 2.48^{a}
	Ⅳ	18.1 ± 1.22^{a}	7.3 ± 0.23^{a}	3.7 ± 0.23^{a}	76.8 ± 3.70^{a}

注：①字母不同表示同一列数据之间存在显著性差异（$P<0.05$）；

②和面方式Ⅰ采用550型双轴卧式和面机，和面方式Ⅱ采用765型双轴卧式和面机，和面方式Ⅲ采用立式连续和面机，和面方式Ⅳ采用卧式连续和面机。

第四节 讨论与小结

一、讨论

和面机是面条生产中最重要的设备之一，其类型、结构、容量和搅拌速度均会影响和面效果和面条质量。目前面条生产中，和面设备的类型有立式、卧式、单轴、双轴、高速连续及真空和面等多种形式，不同类型和面机的结构、容量、运行方式各不相同，导致不同的和面效果；然而关于不同工业化和面机和面效果的研究尚属空白，许多生产企业在设备选型方面缺乏数据支撑，不利于面条工业的快速发展。本章选择 4 种在目前面条工业化生产中使用最为广泛的和面机（棒状搅拌杆双轴卧式恒速和面机、角度桨叶状搅拌杆双轴卧式调速和面机、立式高速连续和面机、卧式高速连续和面机）为研究对象，在实际工业化生产线上开展试验，系统分析了 4 种和面机的和面效果，以期为产业发展提供参考。

550 型和面机为棒状搅拌杆、恒速和面，和面均匀性较差，制作的鲜面条拉伸特性差，熟面条硬度小、不耐咀嚼，色泽和弹性评分低；一方面是由于棒状搅拌杆在搅拌时只能使小麦粉做圆周运动，轴向运动能力较弱；另一方面，搅拌前期和面速度较慢，难以将大面块打碎，使小麦粉与水分无法充分接触，后期相对较快的搅拌速度产生较高温度，不利于面筋结构的形成。765 型和面机具有一定角度的桨叶状搅拌杆，且能实现高速与低速交替和面，制作的面絮胚粒粒径较小，鲜面条拉伸特性较好，干面条烹调损失和吸水率较低，熟面条硬度较大、咀嚼性好，且黏性感官评分较高。具有合适旋转角度的桨叶状搅拌杆使面絮在和面机内沿纵向和轴向来回运行；初期的慢速搅拌可以保证水的顺利加入，中期的快速搅拌保证较好的混合效果，使水、小麦粉充分接触，后期的慢速搅拌促进水分的均匀渗入和面筋形成。

本章中，和面机的运行时间是根据和面机的固有特性和生产实际确定的，两种双轴卧式和面机的和面时间为 13min，两种高速连续和面机的和面时间为 9min；相比之下，高速连续和面机具有快速、省时、连续运行的优点。然而，高速连续和面机的小麦粉着水时间短暂，后续虽有均质过程，然而搅拌速度较快，且向单一方向轴向输送，面絮缺乏慢速揉捏熟成。

两种高速连续和面方式的和面均匀性存在差异。高筋一等粉面絮的水分均匀性和富强粉面片的色泽 b^* 值均匀性较差，上白粉面絮的大颗粒（粒径≥ 4000 μm）胚粒比例较高；整体来看，和面方式Ⅳ的和面均匀性和稳定性略弱于和面方式Ⅲ，可能是输料方式的不同导致的。立式连续和面机的输料方向为纵向，搅拌杆水平转动；卧式连续和面机的输料方向为横向，搅拌杆垂直转动；物料纵向输送时，由于自身的重力作用下落，物料之间的摩擦力等作用力较小，且水平转动的搅拌杆更易将下落物料击碎分散；而物料横向输送时，物料之间的撞击和摩擦力较大，物料容易发生粘连。正因为和面方式Ⅳ的物料之间撞击和摩擦较多，等同于揉捏作用，因此其生鲜面条的拉伸阻力和延伸性高于和面方式Ⅲ。然而和面方式Ⅳ的均匀性较差，易使面条脱水不均，干燥后质地变得酥脆；再者，高筋一等粉和富强粉的颗粒度较大、蛋白质和湿面筋含量较低，干燥过程中易酥条。因此，对于高筋一等粉和富强粉，采用和面方式Ⅳ，其干面条烹调损失显著高于和面方式Ⅲ，其熟面条的硬度、胶着性、咀嚼性显著较低。而上白粉颗粒细小、蛋白质和湿面筋含量较高，在干燥过程中能得到较好的保持面条质量；采用和面方式Ⅳ，干面条的烹调吸水率较低，熟面条质地更紧实。这种小麦粉间的差异主要是由于其蛋白质品质和粒度不同，导致水分在面团和面条中的结合程度及扩散规律不同（Umbach 等，1992；Assifaoui 等，2006；Doona 等，2007）。

二、小结

（1）550 型双轴卧式和面机为棒状搅拌杆、恒速和面，制作的面絮胚粒较大，粒径≥ 4000 μm 的胚粒比例显著高于其他 3 种和面方式，复合后的面片色泽暗黄且均匀性较差，鲜面条拉伸特性较差，干面条烹调损失较高，煮制后面条硬度小、不耐咀嚼，色泽和弹性感官评分较低；表明其和面均匀性较差，面筋形成不充分。

（2）具有角度桨叶状搅拌杆的 765 型调速和面机的和面效果最佳，面絮胚粒粒径较小，主体胚粒群的粒径为 500~1180 μm，复合后的面片色泽 a^* 值较高，鲜面条拉伸特性较好，干面条烹调损失和吸水率较低，熟面条硬度较大、咀嚼性好，且黏性感官评分较高。

（3）两种高速连续和面机具有省时、连续运行的优点，和面效果介于两种双轴卧式和面机之间。和面方式Ⅲ（纵向输料、搅拌速度 970r/min）制作的面絮的中等粒径胚粒比例显著高于和面方式Ⅳ（水平输料、搅拌速度 1440r/min），上白粉面絮的胚粒明显较小，高筋一等粉面絮的水分均匀性和富强粉面片的色泽 b^* 值均匀性显著较好，熟面条表观评分较高；表明和面方式Ⅲ的和面均匀性相对优于和面方式Ⅳ。然而，和面方式Ⅳ的面片色泽白亮，鲜面条拉伸特性优于和面方式Ⅲ。

（4）对于不同品质的小麦粉，和面方式对干面条烹调特性和熟面条质地的影响规律存在差异。高筋一等粉和富强粉的蛋白质和湿面筋含量较低、颗粒较大，采用和面方式Ⅲ，其干面条烹调损失显著小于和面方式Ⅳ，其熟面条的硬度、胶着性、咀嚼性显著较高。而对于蛋白质和湿面筋含量高、颗粒小的上白粉，采用和面方式Ⅳ，其干面条的烹调吸水率较低，熟面条质地更紧实。

第四章

真空卧式调速和面工艺优化

第一节　概述

和面是面条加工的关键环节，和面效果对后续加工和产品质量有重要影响（刘锐等，2013a）。真空和面是一种新型和面方式，其搅拌过程在真空状态下进行，可使水分充分渗透至小麦粉颗粒内部，促进蛋白质和淀粉充分、均匀地吸水，使面筋网络在和面及压延过程中形成得更加充分（陆启玉，2007；沈群等，2008；Fu 等，2008；Hou 等，2010a）。Solah 等（2007）研究表明，真空和面可以提高面条的光泽，制作出光亮、乳白色的面条。Li 等（2012，2014）研究表明，真空和面可以显著提高面条的质量，改善生鲜面条的色泽，使其具有更加紧密连续的面筋网络，降低烹调损失，提高煮制后面条的硬度和拉伸强度；认为和面真空度控制在 0.06MPa 为最佳。陆启玉（2007）和 Hou 等（2010a）认为，真空和面可以提高加水量，缩短和面时间。前人考察了真空度对面条质量的影响，未考虑真空和面时间和加水量的影响，以及各因素的贡献率；前人研究面条质量以仪器评价为主，缺少对面条食用感官质量特性的研究。

低温冷藏是生鲜面条最常用的保藏方法。面条在冷藏过程中，质量会逐渐下降，感官评分降低，烹调损失增加（王涛，2011）；这一变化会受加水量的显著影响（Li 等，2011）。而和面真空度及和面时间对冷藏面条质量的影响，其作用与生鲜面条是否一致，尚未见报道。

本章采用三元二次回归正交旋转组合设计，探讨真空度、加水量、和面时间等工艺参数对生鲜面条、冷藏面条感官质量和烹调特性的影响，依据生鲜面条和冷藏面条的评价结果确定最佳工艺条件，为真空和面技术的应用提供科学依据和技术指导。

第二节　材料与方法

一、试验材料

高筋特一粉，河北金沙河面业集团提供。

试验用小麦粉灰分（干基）0.52%，蛋白质（干基）12.3%，湿面筋含量 30.8%，峰值黏度 176BU，崩解值 42BU，面团吸水率 63.0%，面团稳定时间 3.8min，面团最大拉伸阻力 254.7EU，面团延伸性 142.7mm。

二、仪器与设备

DA 7200 型近红外分析仪（瑞典 Perten 公司）；粉质仪（德国 Brabender 公司）；拉伸仪（德国 Brabender 公司）；MVAG803202 型微量快速黏度仪（德国 Brabender 公司）；HWJZ-25-1 型真空和面机（南京扬子粮油食品机械有限公司）；SLJ-880 型圆盘式熟化机（南京扬子粮油食品机械有限公司）；MT5-215 型轧片机组（南京扬子粮油食品机械有限公司）。

三、试验设计

（一）真空度单因素试验

为确定和面真空度对面条质量的影响，设置 5 种不同真空度，分别为 0、0.02、0.04、0.06、0.08MPa，加水量为 35%，和面时间为高速搅拌 3min、低速搅拌 4min。

（二）加水量单因素试验

为确定和面加水量对面条质量的影响，采用 6 种不同加水量，分别为 29%、31%、33%、35%、37%、39%，真空度设置为 0.06MPa，和面时间为高速搅拌 3min、低速搅拌 4min。

（三）和面时间单因素试验

为确定和面时间对面条质量的影响，采用 5 种不同和面时间，高速搅拌时间恒定为 3min，低速搅拌时间分别为 0、2、4、6、8min，和面总时间分别为 3、5、7、9、11min，加水量为 35%，真空度设置为 0.06MPa。

（四）响应面试验设计

在单因素试验的基础上，采用 3 因素 5 水平二次回归正交旋转组合设计。试验因素为真空度、加水量、和面时间，各个因素的水平设置及编码如表 4-1 所示。

表 4-1　二次回归正交旋转组合设计的因素水平编码表

水平	因素		
	x_1 真空度 /MPa	x_2 加水量 /%	x_3 和面时间 /min
1.682	0.080	37.0	9.0
1	0.072	36.2	8.2
0	0.060	35.0	7.0
–1	0.048	33.8	5.8
–1.682	0.040	33.0	5.0

四、试验方法

（一）小麦粉质量测定方法

①灰分含量、蛋白质含量：采用 Perten DA 7200 型近红外分析仪测定，参照《粮油检验　小麦粉灰分含量测定　近红外法》（GB/T 24872—2010）、《粮油检验　小麦粉粗蛋白质含量测定　近红外法》（GB/T 24871—2010）。

②粉质参数：采用 Brabender 粉质仪测定，参照（GB/T 14614—2019）。

③拉伸参数：采用 Brabender 拉伸仪测定，参照（GB/T 14615—2019）。

④淀粉糊化特性：采用 Brabender MVAG 803202 型微量快速黏度仪测定，参照《小麦、黑麦及其粉类和淀粉糊化特性测定　快速粘度仪法》（GB/T 24853—2010）。

（二）面条制作工艺

实验室温度 20~25℃，相对湿度 30%~35%。准确称取 10.00kg 小麦粉置入 HWJZ-25-1 型真空和面机中，加入适量食盐水（含食盐 100 g），启动和面机；先高速（85r/min）搅拌180s，再低速（42r/min）搅拌至试验设计的时间；真空泵在高速搅拌90 s后启动。调制后面絮倒入SLJ-880型圆盘式熟化机中醒发5min，然后通过料斗，进入MT5-215型轧片机组压延。面絮经8.0、4.0 mm轧辊间距连续压延成面带，面带对折后于4 mm轧辊间距处复合压延1次。通过盘皮输送装置，在面棍上将复合后面带自动转成面卷，聚乙烯（PE）保鲜膜包好后，静置醒发15min。醒发后面带顺序通过2.8、1.8、1.0 mm轧辊间距压延，控制最终厚度1.0~1.3 mm。切条后面条宽度2 mm、长度20cm。将面条分为两份，一份于12 h内进行质量测定；另一份装入自封袋密封，3℃冷藏72 h后进行质量测定。

（三）面条质量测定

最佳煮制时间测定，参照LS/T 3212—2014。

烹调损失测定，参照Li等（2012）的方法，略作修改。称取30g生鲜面条，放入盛有500mL沸水（蒸馏水）的不锈钢盆中，用电磁炉加热，保持水的微沸状态，按最佳煮制时间煮熟后，用筷子挑出面条，面汤在电磁炉上蒸发至近干，在105℃烘箱中烘至恒定质量，计算烹调损失。

面条感官评价，参照张波等（2012）的方法，略作修改。以金沙河面业上白粉制作的干面条为对照材料，其在前期试验中表现出较好的感官质量且稳定性好，总评分为75分。采用标度感官评价方法，6名经测试和培训的感官评价员组成感官评价小组，对煮制后面条的感官质量评分。

五、数据统计与分析

采用Excel 2007和Design-expert 7.0进行数据处理和统计分析。

第三节　结果与分析

一、单因素试验结果

（一）真空度对面条质量的影响

真空和面能显著提高生鲜面条和冷藏面条的感官评分，降低其烹调损失

（表 4–2）。在 0~0.06MPa 的范围内，随着真空度的提高，生鲜面条及冷藏面条的感官和烹调特性均得到显著改善；而真空度增加到 0.08MPa 时，面条感官评分又有所下降，烹调损失上升。

表 4–2 真空度对面条质量的影响

真空度 /MPa	生鲜面条感官评分	冷藏面条感官评分	生鲜面条烹调损失 /%	冷藏面条烹调损失 /%
0.00	67.5 ± 1.53[c]	61.0 ± 1.25[c]	8.59 ± 0.25[a]	9.39 ± 0.25[a]
0.02	71.0 ± 2.83[bc]	64.5 ± 2.01[b]	8.53 ± 0.16[a]	8.78 ± 0.16[b]
0.04	72.3 ± 1.52[b]	64.9 ± 1.38[b]	8.12 ± 0.02[b]	8.69 ± 0.06[b]
0.06	74.8 ± 1.07[a]	68.9 ± 1.76[a]	7.72 ± 0.17[c]	8.18 ± 0.25[c]
0.08	72.2 ± 2.28[b]	65.8 ± 2.70[ab]	8.08 ± 0.23[b]	8.35 ± 0.38[bc]

注：字母不同表示同一列数据之间存在显著性差异（$P<0.05$）。

（二）加水量对面条质量的影响

加水量对面条质量影响显著。加水量为 29% 时，小麦粉和面制作的面絮明显偏干，难以轧片成型；而加水量为 39% 时，面絮成团现象严重，轧片时粘辊，所制面条过软、发黏。加水量在 31%~37% 时，面条感官评价和烹调损失的结果如表 4–3 所示。加水量为 35% 时，生鲜面条和冷藏面条的感官评分显著高于其他加水量，烹调损失则显著较低。加水量较低不利于面筋网络的形成（Hou 等，2010a），而较高会导致面条发软、咀嚼性降低。

表 4–3 加水量对面条质量的影响

加水量 /%	生鲜面条感官评分	冷藏面条感官评分	生鲜面条烹调损失 /%	冷藏面条烹调损失 /%
31	69.0 ± 1.46[b]	60.6 ± 1.80[b]	9.29 ± 0.11[a]	9.17 ± 0.21[a]
33	67.1 ± 1.56[b]	57.9 ± 2.05[bc]	9.50 ± 0.21[a]	8.97 ± 0.07[a]
35	74.8 ± 1.07[a]	68.9 ± 1.76[a]	7.72 ± 0.17[b]	8.18 ± 0.25[b]
37	62.3 ± 1.40[c]	56.1 ± 3.72[c]	6.81 ± 0.20[c]	8.70 ± 0.71[ab]

注：字母不同表示同一列数据之间存在显著性差异（$P<0.05$）。

（三）和面时间对面条质量的影响

不同和面时间制作的面条，其感官评分和烹调损失均存在显著性差异（表 4–4）。和面时间为 7min 时，生鲜面条及冷藏面条的感官评分均显著较高，烹调损失均较低。而和面时间不足或过度均会导致面条质量变劣。

表 4–4 和面时间对面条质量的影响

和面时间 /min	生鲜面条感官评分	冷藏面条感官评分	生鲜面条烹调损失 /%	冷藏面条烹调损失 /%
3	67.0 ± 2.97^{c}	65.7 ± 1.36^{b}	8.13 ± 0.13^{a}	8.37 ± 0.04^{b}
5	68.3 ± 2.43^{bc}	64.9 ± 1.99^{bc}	8.09 ± 0.21^{a}	8.60 ± 0.32^{ab}
7	74.8 ± 1.07^{a}	68.9 ± 1.76^{a}	7.72 ± 0.17^{b}	8.18 ± 0.25^{b}
9	71.1 ± 1.70^{b}	65.5 ± 1.22^{b}	7.85 ± 0.21^{ab}	8.42 ± 0.22^{ab}
11	69.5 ± 2.55^{bc}	63.5 ± 1.67^{c}	7.65 ± 0.17^{b}	8.68 ± 0.12^{a}

注：字母不同表示同一列数据之间存在显著性差异（$P<0.05$）。

二、响应面试验设计与结果

响应面试验采用二次回归旋转正交组合设计，共 23 组试验（表 4–5）。23 组试验所制生鲜面条感官总评分为 57.8~79.0，烹调损失为 6.51%~10.37%；3℃条件下冷藏 72 h 后的面条感官评分为 48.7~72.8，烹调损失为 6.94%~10.59%。

表 4–5 试验设计及结果

序号	真空度 x_1 /MPa	加水量 x_2 /%	和面时间 x_3 /min	生鲜面条感官评分 y_1	冷藏面条感官评分 y_2	生鲜面条烹调损失 y_3/%	冷藏面条烹调损失 y_4/%
1	1	1	1	69.9	69.4	6.51	6.94
2	1	1	–1	67.0	72.8	7.21	7.41
3	1	–1	1	60.1	62.6	9.66	10.05
4	1	–1	–1	57.8	60.9	9.56	10.04
5	–1	1	1	75.7	62.8	6.92	7.43
6	–1	1	–1	74.3	59.3	7.64	7.99
7	–1	–1	1	63.7	57.9	10.11	10.59
8	–1	–1	–1	65.2	48.7	10.37	10.55

续表

序号	真空度 x_1 /MPa	加水量 x_2 /%	和面时间 x_3 /min	生鲜面条感官评分 y_1	冷藏面条感官评分 y_2	生鲜面条烹调损失 y_3/%	冷藏面条烹调损失 y_4/%
9	1.682	0	0	70.0	65.8	8.08	8.35
10	−1.682	0	0	73.8	64.9	8.12	8.69
11	0	1.682	0	62.3	56.1	6.81	8.70
12	0	−1.682	0	67.1	57.9	9.50	8.97
13	0	0	1.682	71.1	65.5	7.85	8.42
14	0	0	−1.682	68.3	64.9	8.09	8.60
15	0	0	0	76.5	68.0	7.61	8.29
16	0	0	0	75.3	68.5	7.56	8.12
17	0	0	0	79.0	66.0	7.36	8.17
18	0	0	0	73.3	68.2	7.87	8.31
19	0	0	0	76.2	67.6	7.81	8.13
20	0	0	0	74.9	69.4	7.82	8.08
21	0	0	0	75.0	69.5	7.84	8.23
22	0	0	0	74.7	71.3	7.85	8.01
23	0	0	0	78.7	71.5	7.75	8.33

三、真空度、加水量及和面时间对面条质量的贡献率

以方差分析中的 F 值反映各试验因素对生鲜面条质量要素的影响程度，如表 4-6 所示。真空度和加水量对生鲜面条感官总评分影响显著，其 F 值在 F 值总和中所占比例分别为 45.3% 和 50.0%，因子贡献率：加水量 > 真空度 > 和面时间。7 个感官质量性状中，色泽和弹性受真空度显著影响，其 F 值在 F 值总和中所占比例分别为 72.2% 和 58.9%；表观、硬度和光滑性受加水量显著影响，F 值所占比例分别为 89.8%、88.6% 和 91.1%；而和面时间对各感官要素评分的影响均未达到显著水平。加水量是烹调损失的主要影响因素，其贡献率远大于其他因素。

真空度、加水量、和面时间对冷藏面条质量的影响结果如表 4-7 所示。真空度和加水量对冷藏面条感官总评分影响显著，其 F 值在 F 值总和中所占比例分别为 57.1% 和 37.4%；与生鲜面条相比，真空度的贡献率增大，影响程度超过加水量。加水量对冷藏面条的硬度、弹性和光滑性影响显著，其 F 值所占比例分别为

62.0%、55.7% 和 92.8%；表明冷藏面条的硬度、弹性和光滑性主要是受加水量的影响。除了光滑性和食味，其他感官质量性状均受真空度显著影响，其 *F* 值在 *F* 值总和中均占有较高比例（35.3%~98.5%），真空度显著影响的感官性状数量明显增加。与生鲜面条相比，冷藏面条的感官质量受真空度影响更大。

表 4-6 生鲜面条质量特性方差分析 *F* 值

试验因素	*F* 值								
	色泽	表观状态	硬度	黏性	弹性	光滑性	食味	总评分	烹调损失
A 真空度	4.06*	0.57	1.64	0.44	4.97*	0.72	0.20	4.74*	1.91
B 加水量	0.83	5.28*	13.93**	2.14	1.86	9.67**	1.26	5.23*	103.64**
C 和面时间	0.73	0.029	0.16	0.17	1.61	0.026	0.79	0.49	1.60

注：* 表示在 0.05 水平上显著，** 表示在 0.01 水平上极显著。

表 4-7 冷藏面条质量特性方差分析 *F* 值

试验因素	*F* 值								
	色泽	表观状态	硬度	黏性	弹性	光滑性	食味	总评分	烹调损失
A 真空度	7.57*	7.05*	5.26*	5.07*	6.64*	2.98	1.21	8.33*	1.17
B 加水量	3.30	3.66	9.23**	0.018	8.38**	21.07**	0.081	5.46*	22.92**
C 和面时间	1.62	3.42	0.40	0.058	0.033	1.55	2.12	0.81	0.27

注：* 表示在 0.05 水平上显著，** 表示在 0.01 水平上极显著。

四、真空和面工艺响应面分析与优化

真空度、加水量和和面时间对面条感官评分影响的响应面分析见图 4–1 和图 4–2（图 4–1、图 4–2 见本书彩插）。由响应面图 4–1 可知，3 因素对生鲜面条感官评分影响的趋势基本一致；随着真空度、加水量和和面时间的增加，面条总评分均呈现先升高再降低趋势。真空度在 0.06MPa 附近，加水量在 35.5% 附近，和面时间在 7.5min 附近时，感官总评分存在最大值。从响应面图形的切面斜率可以看出，加水量的影响明显大于真空度和和面时间［图 4–1（1）、图 4–1（2）］，而真空度的影响又相对大于和面时间［图 4–1（2）］；这与方差分析 *F* 值的结果一致。

由冷藏面条的响应面图（图 4–2）可知，真空度在 0.07MPa 附近，加水量在 35.0% 附近，和面时间在 7.5min 附近时，感官评分存在最大值。与生鲜面条相比，感官评分最大值处的真空度提高了 0.01MPa；这表明，和面时采用较高的真空度可以减缓面条在冷藏过程中的质量劣变。比较图 4-1（1）和图 4-2（1）可以看出，真空度越大，生鲜面条与冷藏面条感官评分的差异越小；也反映了提高真空度可以减缓面条在冷藏过程中的质量劣变。从图 4-2（2）、图 4-2（3）可以看出，真空度和加水量的影响明显大于和面时间，这与显著性分析结果一致。从图 4-2（2）可知，真空度与和面时间之间存在一定的互作；真空度较低时，随着和面时间延长，感官质量明显改善；当真空度增加，和面时间的影响降低。

应用 Design-expert 软件进行统计分析，以制作高感官评分、低烹调损失的生鲜面条和冷藏面条为优化目标，得到的最佳和面工艺参数为：真空度 0.06MPa，加水量 35.3%，和面时间 7.2min。在此条件下，生鲜面条的感官评分预测值为 76.3，烹调损失预测值为 7.39%；冷藏面条的感官评分预测值为 69.3，烹调损失预测值为 8.29%。对拟合出的最优和面工艺进行验证试验，得到的实际感官总评分为生鲜面条 78.8、冷藏面条 71.6，烹调损失为生鲜面条 7.62%、冷藏面条 8.21%。

第四节 讨论与小结

一、讨论

真空和面能显著改善生鲜面条及冷藏面条的感官特性，降低烹调损失。这与 Solah 等（2007）和 Li 等（2012）的研究结果一致。Li 等（2014）进一步研究了真空和面对面条中蛋白质结构的影响，认为真空和面可以促进蛋白质聚合，形成更加连续紧密的面筋网络结构，使淀粉颗粒更牢固地嵌于其中，从而改善面条质地和烹调特性。本章中，单因素和响应面试验均得出和面时最优真空度为 0.06MPa，较高的真空度会导致面条感官评分降低和烹调损失增大。这与 Li 等（2012）的研究结果一致。

加水量是影响面条制作的关键因素。结果证明，加水量对面条的硬度、光滑性及感官总评分有显著影响。适当提高加水量可以显著改善面条质量，而过高的加水量会影响面条制作工艺实施，并导致面条过软、咀嚼性降低。这与叶一力等（2010）的研究结果一致，其研究表明，在一定范围内，随着加水量的增加，面条的硬度、黏弹性、光滑性和总评分显著提高；加水量过多，则会导致面团发软、粘辊，不利于面条成型，且做成的面条过软、色暗（Hatcher 等，1999；Park 等，2002；张艳等，2007）。多数学者认为，制作中国白面条的最适加水量为 35%（雷激等，

2004；张艳等，2007；Ye 等，2009；叶一力等，2010；李韦瑾等，2011）。然而，前人研究采用的是小型试验用和面机，当采用中试规模或工业化和面机制面时，因样本量较大、控制精度相对较差，加水量需降低，控制为 31%~33% 较合适（Guo 等，2004；Hou，2010b；刘锐等，2013a，b）。本章采用的真空和面机为中试规模，每次和面加入小麦粉 10kg，优化后加水量为 35.3%。与常压和面相比，加水量提高 3%~4%，验证了部分学者提出的"真空和面可以提高加水量"的观点（陆启玉，2007；沈群等，2008；Fu 等，2008；Hou 等，2010a）。

张波等（2012）研究表明，在非真空条件下加水量与和面时间均对面条硬度有显著影响，且贡献率相近。这与本章的结果有所不同，可能是因为在真空条件下，蛋白质水合较快，只需较短的和面时间即能达到较好的和面效果，延长和面时间已无显著影响。因此，响应面试验结果表明，和面时间对面条质量影响不显著。这一点也与冷藏面条响应面试验中得出的"真空度与和面时间之间存在一定的互作"的结果相印证。

方差分析表明，生鲜面条质量受加水量影响最大，而面条冷藏后，真空度对其的影响程度超过了加水量，且真空度显著影响的感官性状数量明显增加。响应面图解表明，真空度越大，面条冷藏前后感官评分的差值越小。优化结果显示，冷藏面条感官评分最大值处的真空度比生鲜面条高 0.01MPa。这些结果表明，真空和面对于延长生鲜面条的保质期、保证产品质量稳定性有重要作用；提高真空度可以减缓面条在冷藏过程中的质量劣变。

二、小结

（1）在一定范围内，提高真空度和加水量可以改善生鲜面条和冷藏面条的感官特性，降低烹调损失。而在真空条件下，和面时间对面条质量影响不显著。优化后的真空和面工艺条件为：真空度 0.06MPa，加水量 35.3%，和面时间 7.2min。

（2）加水量是影响面条烹调损失的主要因素，其贡献率远大于和面时间和真空度。

（3）真空度对生鲜面条感官质量的影响小于加水量；而对于冷藏面条，真空度的影响增大，贡献率超过加水量，且显著影响的感官性状数量增加。

（4）提高真空度可以减缓面条在冷藏过程中的质量劣变，真空和面对于延长生鲜面条的保质期、保证产品质量稳定有重要作用。

第五章

真空度、和面时间对面团中水分形态和分布的影响

第一节　概述

小麦粉与适量的水在搅拌作用下，会形成具有黏弹性、延展性的面团。这一过程的实质是小麦粉中的面筋蛋白水合形成面筋网络结构，并将吸水膨胀的淀粉颗粒包裹其中。水分在面团形成过程中起重要作用，其在面团中的含量、分布及与其他组分的结合程度对面团的外观和内在结构及最终制品的质量有重要影响（Hou 等，2010a；Schiraldi 等，2012）。研究面团中水分的形态和分布，对理解和面过程中的物理化学变化、阐明水分在面制品加工中的作用、优化和面工艺有重要意义。

低场核磁共振（low-field nuclear magnetic resonance，LF-NMR）和差示量热扫描（differential scanning calorimetry，DSC）是目前表征聚合物体系中水分形态、分布和运动的两种经典方法。LF-NMR 是利用氢质子在磁场中的自旋 - 弛豫特性，通过弛豫时间的变化分析研究物质的水分形态、分布和迁移。横向弛豫时间（T_2）越短，说明样品中水分的自由度越小，与非水组分结合更紧密；T_2 越长，水分自由度越大（张绪坤等，2012）。DSC 是根据自由水和冻结束缚水之间结晶行为的不同来区分水分的不同状态（魏益民等，2011）。

关于 LF-NMR 和 DSC 技术在面团及其制品水分分布与形态分析方面已有部分研究。Ruan 等（1999）利用核磁共振技术对面团（含水率 12%~45%）中的水分进行研究，分别用离散和连续模型对 T_2 进行了分析；在离散模型中，发现了 3 组不同弛豫时间的质子；在连续模型中，当面团含水率≥ 23% 时，出现了 5 组质子。Doona 和 Baik（2007）研究认为，在含水率为 41.1% 的模型面团中，水分以不同形态存在，这是因为水分与不同的成分结合或者与束缚水以不同的方式交换；其中，水与淀粉的作用对面团中水分子的流动性起主导作用。Assifaoui 等（2006）采用 LF-NMR 研究了饼干面团中水分的流动性，根据 T_2 将水分分为两个部分，T_{21} 约

为 2ms，表示淀粉内部的水或与面筋蛋白紧密结合的水；T_{22} 约为 12ms，表示大分子间的水，这部分水流动性较大，易受面团含水率、蔗糖含量和温度变化的影响。林莹等（2012）采用 DSC 技术研究了变性淀粉对冷冻面团热力学特性的影响。陈卫江等（2006）和林向阳等（2006）利用核磁共振及成像技术研究了面团（含水率 45%）形成过程中水分的迁移变化，并根据水分形态和分布确定面团的加水量、形成时间及面筋形成程度。Esselink 等（2003）通过流变仪、核磁共振（NMR）、扫描电子显微镜（SEM）研究发现，生面团压片后，内部结构变劣，黏聚性降低，水分子流动性增加；成型后内部结构变得致密，T_2 降低，水分子流动性下降。Chen 等（1997）采用 NMR 弛豫技术研究了面包在贮藏期间水分的迁移，在面包贮藏过程中，T_{21}（流动性最差的水）质子密度增大，而 T_{23}（流动性最好的水）时间和对应的质子密度下降，结合 T_1 的降低，表明面包体系中水分流动性降低。Lai 等（2004）利用核磁共振成像（MRI）技术研究了面条在煮制和贮藏过程中水分的分布和迁移，并发现面条在贮藏过程中的硬度变化与面条中水分的迁移有关。

与传统的含水率 50% 左右的面团不同，工业化面条面团是一种含水率仅为 32%~35% 的松散絮状物。所含面筋并不连续，只有在复合压延后，面筋碎片才形成连续的网络结构。理想的面条面团要求吸水适当、均匀，颗粒松散、粒度大小一致，面筋黏弹性和延展性适宜（陆启玉，2007；沈群等，2008；Fu 等，2008）。然而，关于低水分面条面团中的水分形态和分布研究较少，真空度与和面时间对面团中水分状态的影响尚不明确。NMR 和 DSC 两种技术的测定结果也缺乏系统的比较分析。

为了解低水分面条面团中水分的存在状态，明确真空度与和面时间对水分状态的影响，本章以 3 个小麦品种磨制的面粉为材料，采用真空和面制作面团（含水率 35%），采用 LF-NMR、MRI 和 DSC 技术测定不同真空度和搅拌时间下低水分面条面团中水分的形态和分布，并进一步分析两种技术测定水分形态结果的相关性，以期为优化和面工艺和调整产品特性，选择水分形态分析方法，深入认识制面过程中水分的作用提供参考。

第二节　材料与方法

一、试验材料

试验选用的 3 个小麦品种为济麦 20、宁春 4 号、济麦 22，为 2012 年收获籽粒，分别由山东省农业科学院作物研究所（济麦系列）、内蒙古巴彦淖尔市农牧业科学研究院（宁春 4 号）提供。小麦籽粒清理后，测定含水率和硬度，润麦；参照《小麦实验制粉 第 1 部分：设备、样品制备和润表》（NY/T 1094.1—2006），根据籽粒硬度确定润麦加水量，硬麦为 16.5%，中硬麦为 15.5%。润麦时间为 24 h，采用 Buhler MLU 202 实验磨制粉，出粉率约 70%。

小麦粉质量测定方法：

①灰分含量、蛋白质含量：采用 Perten DA 7200 型近红外分析仪测定，参照 GB/T 24872—2010、GB/T 24871—2010。

②粉质参数：采用 Brabender 827504 型粉质仪测定，参照 GB/T 14614—2019。

③拉伸参数：采用 Brabender 860033/002 型拉伸仪测定，参照 GB/T 14615—2019。

④淀粉糊化特性：采用 Brabender MVAG 803202 型微量快速黏度仪测定，参照 GB/T 24853—2010。

试验用小麦粉的质量性状如表 5-1 所示。济麦 20 小麦粉的蛋白质和湿面筋含量较高，面团稳定时间、最大拉伸阻力、延伸性均明显大于其他两种小麦粉，属于强筋小麦粉；其淀粉糊化特性也与其他两种小麦粉有较大差异。宁春 4 号小麦粉的蛋白质和湿面筋含量低于济麦 22，而面团稳定时间和最大拉伸阻力明显大于济麦 22，二者均属于中筋小麦粉。

表 5-1 试验用小麦粉质量性状

小麦粉	蛋白质含量 /%	湿面筋含量 /%	稳定时间 /min	最大拉伸阻力 /EU	延伸性 /mm	峰值黏度 /BU	崩解值 /BU
济麦 20	15.2	33.08	23.4	813.9	186.0	563	100
宁春 4 号	12.1	28.98	5.2	231.3	163.4	459	128
济麦 22	13.3	32.40	1.9	128.1	168.4	451	56

二、仪器与设备

真空和面机（河南东方面机集团有限公司）；JMTD-168/140 试验面条机（北京东方孚德技术发展中心）；Q-200 型差示扫描量热仪（美国 TA 仪器公司）；NMI 20-030H-I 核磁共振成像与分析系统（上海纽迈电子科技有限公司）；MLU 202 实验磨（瑞士 Buhler 公司）；DA 7200 型近红外分析仪（瑞典 Perten 公司）；827504

型粉质仪（德国 Brabender 公司）；860033/002 型拉伸仪（德国 Brabender 公司）；MVAG 803202 型微量快速黏度仪（德国 Brabender 公司）。

三、和面试验设计

准确称量 1000g 小麦粉于真空和面机中，加入适量蒸馏水，控制面团最终含水率为 35%，启动和面机；先低速搅拌（70r/min）1min，然后高速（120r/min）搅拌 3min，再低速（70r/min）搅拌设计的时间；真空泵在低速搅拌 1min 后启动。

作者前期研究结果表明，和面最优真空度为 0.06MPa，常压和面或过高的真空度均会导致面条质量下降；真空和面时间最佳设置为 8min（刘锐等，2015a）。据此，真空度及和面时间的组合设计如表 5-2 所示。

表 5-2 试验设计

试验处理	真空度 /MPa	和面时间 /min
1	0	8（1+3+4）
2	0.06	8（1+3+4）
3	0.09	8（1+3+4）
4	0.06	4（1+3+0）
5	0.06	12（1+3+8）

注：括号中表示低速和面时间 + 高速和面时间 + 低速和面时间。

四、试验方法

（一）低场核磁共振（LF-NMR）分析

将调制后的松散面团在试验面条机上压延成厚 4~5mm 的面片；先在 4.0mm 轴间距处直接压 1 次，再对折压 2 次。将面片裁切成边长约 20 mm 的正方形，放入直径 30 mm 的核磁共振专用试管，然后置于永久磁场（磁场强度 0.5T）中心位置的射频线圈的中心，利用 CPMG（Carr-Purcell-Meiboom-Gill）脉冲序列进行扫描，测定样品的自旋弛豫时间 T_2。参数设置：采样点数 TD = 10004，采样频率 SW=100.00kHz，采样间隔时间 TW=500ms，回波个数 Echo Count=1000，回波时间 ET=100μs，扫描次数 NS=64。检测结束后保存数据，然后进入 T_2 反演程序得出面

团样品 T_2 弛豫时间反演谱图。T_2 反演谱图中不同波峰代表水分的不同形态，各峰所覆盖范围信号幅值的总值表示对应形态水分的数量，以每个峰的积分面积占总峰面积的百分比表示面团中不同形态水分的相对含量（叶晓枫等，2013）。按照 T_2 值的大小，分别记为 T_{21}、T_{22}、T_{23}（$T_{21}<T_{22}<T_{23}$）。弛豫时间越短，表明水与底物结合越紧密；弛豫时间越长，说明水分越自由。每个样品重复测定 2 次，结果用平均值 ± 标准差表示。

（二）差示量热扫描（DSC）分析

将调制后的松散面团在试验面条机上压延成 1~2mm 厚的面片；先在 4.0mm 轴间距直接压 1 次、对折压 2 次，再在 3.0、2.0、1.0mm 上分别压 1 次。精确称取 20mg 左右，小心置于铝制坩埚中（紧贴底部），密封，放到提前用铟校对的 DSC 仪器的样品支持器上。以密封的空坩埚为对照，在流速为 40mL/min 的氮气气氛保护下，以 5℃/min 从室温降至 -40℃，然后再以 5℃/min 升温至 40℃，得到如图 5-1 所示的 DSC 分析曲线，记录结晶和融化过程中的焓变和温度。每个样品重复测定 2 次，结果用平均值 ± 标准差表示。

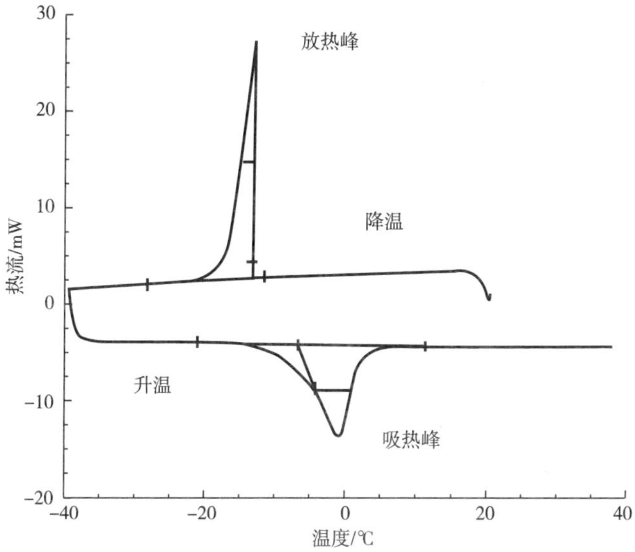

图 5-1 面团的差示量热扫描（DSC）分析结果

水分形态分析：假设面团中水的热焓值 ΔH_0 与纯水的相同，即 334 J/g，则从 DSC 图上 0℃附近吸收热量的焓变 ΔH，即可计算出可冻结水百分比（W_{fro}）（魏益民等，2011）。

$$W_{fro}=\Delta H/\Delta H_0\times 100\% \quad (5-1)$$

式中 ΔH——由面团 DSC 测得吸热峰面积计算的单位质量焓变，J/g；

ΔH_0——纯水的单位质量焓变，J/g。

非冻结水百分比（W_{nf}）由总含水率减去可冻结水百分比而得。

（三）贮藏过程中面团的核磁共振成像（MRI）分析

按本节“低场核磁共振（LF-NMR）分析”的方法制作面片，将面片密封于自封袋中，室温 25℃条件下避光贮藏，分别于 0、24、48h 时取样分析。样品进行完 CPMG 序列扫描后，对其截面立即进行自旋回波（SE）脉冲序列质子密度二维成像。参数设置：重复时间 TR=500ms，回波时间 TE=6ms，矩阵 256×256，层厚 5.0mm，扫描次数 NS=8。采用 NIUMAG 核磁共振影像系统 0.1.1 软件处理样品的质子密度图像。

五、数据统计与分析

采用 Excel 2007 进行数据整理和图表绘制。采用 SPSS 16.0 中的 One-Way ANOVA 程序对不同处理条件下得到的试验数据进行方差分析，LSD 法进行多重比较；Bivariate Correlations 程序进行相关分析，采用 Pearson 相关系数、Two-tailed 显著性检验。

第三节 结果与分析

一、LF-NMR 分析低水分面条面团的水分形态

图 5-2 为 3 种小麦粉在 0.06MPa 真空条件下搅拌 8min 制作的面团水分的 T_2 反演图。图中每个曲线上都有 3 个波峰，代表着样品中水分存在的 3 种形态。T_{21}（0.01~0.44ms）表示深层结合水，主要是与淀粉或面筋蛋白紧密结合的水；T_{22}（0.49~21.54ms）表示弱结合水，流动性介于深层结合水和自由水之间，此部分水结合于蛋白质、淀粉等大分子之间；T_{23}（32.75~151.99ms）表示自由水（Chen 等，

1997；Lu 等，2013；薛雅萌等，2014）。如图 5-2 所示，T_{22} 的峰为主峰，其信号幅值占总信号的 80% 左右；表明在面筋形成较为完善的面条面团中，水分的主要存在形态为弱结合水。从图中还可以看出，3 种小麦粉面团的水分形态及分布存在差异，济麦 20 面团的 T_{22} 峰值时间（5.74ms）小于济麦 22（6.60 ms），宁春 4 号（6.36ms）介于济麦 20 和济麦 22 之间；济麦 20 面团的 T_{22} 信号幅值显著小于宁春 4 号和济麦 22，而其 T_{21} 信号幅值显著较大（$P<0.05$）。结果表明，济麦 20 面团的水分流动性最弱，水分与其他组分的结合更为紧密。Umbach 等（1992）研究认为，面团中水与蛋白质的结合比与淀粉的结合更为紧密。济麦 20 属于强筋小麦，蛋白质和湿面筋含量高，面筋网络致密，对水分的束缚能力强，因此制作的面团中水分自由度低。3 种小麦粉面团水分状态的差异也可能是由淀粉特性的不同导致的，Doona 和 Baik（2007）研究认为，水与淀粉的作用对面团中水分的流动性起决定作用。其中具体原因及作用机制还需要进一步的研究和确证。

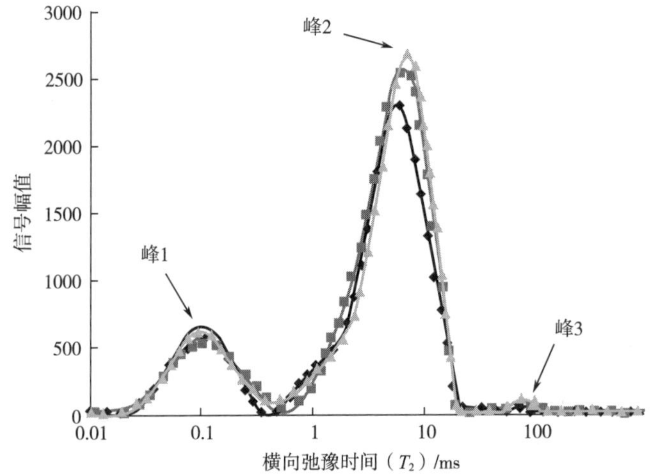

图 5-2　3 种小麦粉制作的低水分面团水分横向弛豫时间 T_2 反演图

济麦20　宁春4号　济麦22

注：0.06MPa 真空度下搅拌 8min。

真空度对低水分面条面团 T_2 及对应峰面积 A_2 的影响结果如表 5-3 所示。真空度对 T_{21}、T_{22}、A_{23} 无显著影响。对于济麦 22，真空度 0.06MPa 条件下制作的面团 T_{23} 显著小于非真空和面（$P<0.05$）。对于济麦 20 和宁春 4 号，真空（0.06、

0.09MPa）和面制作的面团 A_{21} 显著高于非真空和面，而 A_{22} 显著低于非真空和面。上述结果表明，真空度为 0.06MPa 时，面团中的水分与其他组分结合较为紧密，水分自由度较低。

和面时间对面团 T_2 及对应峰面积 A_2 的影响结果如表 5-4 所示。和面时间对 T_{21}、T_{22}、A_{23} 无显著影响。对于济麦 20，和面 8min 制作的面团 T_{23} 和 A_{22} 显著小于和面 4min 制作的面团，而其 A_{21} 则显著大于 4min 面团（$P<0.05$）。对于宁春 4 号，较长和面时间（12min）制作的面团 A_{21} 显著小于 4min 和面，而其 A_{22} 则显著较大。对于济麦 22，和面 8min 制作的面团 A_{21} 显著大于其他和面时间，而其 A_{22} 较小。结果表明，和面时间为 8min 时，济麦 20 和济麦 22 面团中水分流动性较低，和面时间不足（4min）或和面过度（12min）均会导致水分流动性的增加；而对于宁春 4 号，随着和面时间延长，面团中深层结合水减少，弱结合水增加。

表 5-3 真空度对面团水分弛豫时间 T_2 及对应峰面积的影响

小麦粉	真空度/MPa	T_{21}/ms	T_{22}/ms	T_{23}/ms	A_{21}/%	A_{22}/%	A_{23}/%
济麦20	0	0.10 ± 0.01^a	6.14 ± 0^a	87.82 ± 17.22^a	18.13 ± 0.33^b	80.61 ± 0.57^a	1.27 ± 0.24^a
	0.06	0.12 ± 0.01^a	5.74 ± 0.56^a	76.02 ± 8.66^a	19.43 ± 0.49^a	79.25 ± 0.41^b	1.32 ± 0.06^a
	0.09	0.11 ± 0^a	6.14 ± 0^a	86.97 ± 10.25^a	19.05 ± 0.11^a	79.76 ± 0.22^b	1.19 ± 0.11^a
宁春4号	0	0.12 ± 0.01^a	6.14 ± 0^a	76.38 ± 14.98^a	17.09 ± 0.33^b	81.82 ± 0.41^a	1.09 ± 0.17^a
	0.06	0.10 ± 0.01^a	6.36 ± 0.46^a	70.72 ± 6.97^a	18.13 ± 0.11^a	80.68 ± 0.30^b	1.19 ± 0.19^a
	0.09	0.12 ± 0.01^a	6.60 ± 0.65^a	75.65 ± 0^a	18.35 ± 0.19^a	80.38 ± 0.14^b	1.27 ± 0.05^a
济麦22	0	0.09 ± 0^a	6.14 ± 0^a	86.97 ± 6.54^a	18.01 ± 0.35^b	80.74 ± 0.24^a	1.25 ± 0.11^a
	0.06	0.10 ± 0.01^a	6.60 ± 0.53^a	75.65 ± 0^b	18.31 ± 0.30^{ab}	80.29 ± 0.27^a	1.40 ± 0.06^a
	0.09	0.09 ± 0^a	6.60 ± 0.65^a	87.82 ± 17.22^{ab}	18.84 ± 0.31^a	79.84 ± 0.53^a	1.32 ± 0.22^a

注：字母不同表示同一列数据之间存在显著性差异（$P<0.05$）；和面时间为 8min。

表 5-4 和面时间对面团水分弛豫时间 T_2 及对应峰面积的影响

小麦粉	和面时间/min	T_{21}/ms	T_{22}/ms	T_{23}/ms	A_{21}/%	A_{22}/%	A_{23}/%
济麦20	4	0.11 ± 0^a	6.14 ± 0^a	100.00 ± 0^a	18.32 ± 0.24^b	80.49 ± 0.20^a	1.19 ± 0.04^a
	8	0.12 ± 0.01^a	5.74 ± 0.56^a	76.02 ± 8.66^b	19.43 ± 0.49^a	79.25 ± 0.41^b	1.32 ± 0.06^a
	12	0.11 ± 0^a	6.14 ± 0^a	81.31 ± 8.01^{ab}	18.75 ± 0.38^{ab}	80.02 ± 0.52^{ab}	1.23 ± 0.15^a

续表

小麦粉	和面时间/min	T_{21}/ms	T_{22}/ms	T_{23}/ms	A_{21}/%	A_{22}/%	A_{23}/%
宁春4号	4	0.11 ± 0^{a}	6.60 ± 0.65^{a}	87.82 ± 17.22^{a}	18.89 ± 0.34^{a}	79.90 ± 0.16^{b}	1.21 ± 0.18^{a}
	8	0.10 ± 0.01^{a}	6.36 ± 0.46^{a}	70.72 ± 6.97^{a}	18.13 ± 0.11^{ab}	80.68 ± 0.30^{ab}	1.19 ± 0.19^{a}
	12	0.11 ± 0^{a}	6.60 ± 0.65^{a}	87.82 ± 17.22^{a}	17.71 ± 0.43^{b}	81.19 ± 0.33^{a}	1.10 ± 0.10^{a}
济麦22	4	0.10 ± 0.01^{a}	6.14 ± 0^{a}	87.82 ± 17.22^{a}	17.71 ± 0.06^{b}	80.90 ± 0.26^{ab}	1.39 ± 0.33^{a}
	8	0.10 ± 0.01^{a}	6.60 ± 0.53^{a}	75.65 ± 0^{a}	18.31 ± 0.30^{a}	80.29 ± 0.27^{b}	1.40 ± 0.06^{a}
	12	0.11 ± 0^{a}	6.60 ± 0.65^{a}	76.38 ± 14.98^{a}	17.39 ± 0.13^{b}	81.25 ± 0.28^{a}	1.37 ± 0.15^{a}

注：字母不同表示同一列数据之间存在显著性差异（$P<0.05$）；和面真空度为 0.06MPa。

二、DSC 分析面团水分形态

不同真空度、和面时间制作的面团中水分融化焓变、可冻结水和非冻结水的测定结果如表 5–5、表 5–6 所示。由表 5–5 可知，真空度对济麦 22 面团中可冻结水和非冻结水含量均无显著影响。对于济麦 20，真空（0.06、0.09MPa）和面制作的面团的水分融化焓变、可冻结水含量显著低于非真空和面。对于宁春 4号，0.06MPa 真空度下制作的面团的水分融化焓变、可冻结水含量显著低于 0.09MPa 的面团（$P<0.05$）。整体分析，合适的真空度（0.06MPa）和面，面团中可冻结水百分比相对较低。

表 5–5　真空度对面团水分融化焓变、可冻结水、非冻结水的影响

小麦粉	真空度 /MPa	ΔH/（J/g）	可冻结水百分比 /%	非冻结水百分比 /%
济麦 20	0	41.43 ± 0.21^{a}	12.40 ± 0.06^{a}	20.30 ± 0.78^{a}
	0.06	35.28 ± 1.41^{b}	10.56 ± 0.42^{b}	21.94 ± 1.75^{a}
	0.09	37.32 ± 1.39^{b}	11.17 ± 0.42^{b}	21.03 ± 0.48^{a}
宁春 4 号	0	39.96 ± 0.35^{ab}	11.96 ± 0.11^{ab}	18.29 ± 0.59^{a}
	0.06	38.81 ± 0.41^{b}	11.62 ± 0.12^{b}	18.17 ± 1.35^{a}
	0.09	40.70 ± 1.13^{a}	12.19 ± 0.34^{a}	17.00 ± 1.45^{a}
济麦 22	0	40.16 ± 1.84^{a}	12.02 ± 0.55^{a}	18.96 ± 2.14^{a}
	0.06	38.34 ± 2.81^{a}	11.48 ± 0.70^{a}	17.97 ± 0.01^{a}
	0.09	38.78 ± 0.18^{a}	11.61 ± 0.05^{a}	17.96 ± 0.76^{a}

注：字母不同表示同一列数据之间存在显著性差异（$P<0.05$）；和面时间为 8min。

由表 5-6 可知，和面时间对非冻结水含量无显著影响。对于济麦 20，和面 8min 制作的面团水分融化焓变和可冻结水含量显著低于和面 4min 制作的面团。对于济麦 22，和面 8min 制作的面团水分融化焓变和可冻结水含量显著低于和面 12min 制作的面团。整体来看，和面时间为 8min 时，面团中可冻结水含量较低，表明此时水分流动性较低，而和面时间不足或和面过度均可能导致较高的水分流动性。

表 5-6 和面时间对面团水分融化焓变、可冻结水、非冻结水的影响

小麦粉	和面时间 /min	ΔH/（J/g）	可冻结水百分比 /%	非冻结水百分比 /%
济麦 20	4	39.91 ± 0.16^{a}	11.95 ± 0.05^{a}	20.60 ± 1.21^{a}
	8	35.28 ± 1.41^{b}	10.56 ± 0.42^{b}	21.94 ± 1.75^{a}
	12	38.57 ± 0.41^{ab}	11.55 ± 0.12^{ab}	20.95 ± 0.84^{a}
宁春 4 号	4	38.37 ± 0.10^{a}	11.49 ± 0.03^{a}	18.04 ± 0.78^{a}
	8	38.81 ± 0.41^{a}	11.62 ± 0.12^{a}	18.17 ± 1.35^{a}
	12	38.71 ± 0.83^{a}	11.59 ± 0.25^{a}	18.45 ± 1.40^{a}
济麦 22	4	39.93 ± 1.93^{ab}	11.95 ± 0.58^{ab}	17.92 ± 1.18^{a}
	8	38.33 ± 2.33^{b}	11.48 ± 0.70^{b}	17.97 ± 0.01^{a}
	12	41.60 ± 0.64^{a}	12.46 ± 0.19^{a}	17.22 ± 0.43^{a}

注：字母不同表示同一列数据之间存在显著性差异（$P<0.05$）；和面真空度为 0.06MPa。

三、MRI 分析面团水分分布和迁移过程

利用 MRI 分析压制后面团中水分分布及其在室温 25℃贮藏过程中的水分分布变化。3 种小麦粉在不同真空度条件下制作的面团的水分分布，如图 5-3、图 5-4、图 5-5（图 5-3~ 图 5-5 见本书彩插）所示。图 5-3 为强筋小麦济麦 20 制作的面团的 MRI 图像，不经醒发即刻压制的面片较为均匀，但贮藏 24 h 和 48 h 后，图像中出现较大的黄绿斑，且随着贮藏时间的延长，出现的黄绿斑增大、增多。这一现象主要是由于微生物的生长繁殖及其他生化反应会利用面团中的水分，从而导致水分的迁移和分布不均；而这些反应所导致的面筋网络结构的变化会加剧水分分布的不均（Li 等，2014）。从图 5-3 可以看出，真空度对济麦 20 面团中水分分布及贮藏过程中变化的影响并不明显。图 5-4 和图 5-5 分别为宁春 4 号和济麦 22 制作的面团的 MRI 图像，由图 5-4 和图 5-5 可知，真空度对面团中水分分布及

贮藏过程中变化有显著影响。与 0MPa 和 0.09MPa 相比，真空度为 0.06MPa 时，制作的面团的水分分布相对更均匀；且贮藏时间为 24h 和 48h 时，图像中出现的黄绿斑点的大小和数量均明显小于其他两种处理。结果表明，真空度为 0.06MPa 时，面团的水分分布更加均匀，且在贮藏过程中水分迁移和结构劣变缓慢。这可能是由于采用适宜的真空度和面可以提高和面均匀性，改善面筋网络结构的形成，使水分与面筋蛋白的结合更加紧密，从而降低水分流动性，减缓微生物的生长和其他生化反应（Li 等，2011，2014；刘锐等，2014c）。济麦 20 与其他两种小麦粉的表现存在差异，可能是由于其蛋白质含量高、面筋筋力强，真空和面对面筋形成和面团结构的影响不显著。

3 种小麦粉和面不同时间制作的面团的水分分布，如图 5-6、图 5-7、图 5-8（图 5-6~ 图 5-8 见本书彩插）所示。图 5-6 和图 5-7 分别为济麦 20 和宁春 4 号小麦粉制作的面团的 MRI 图像，从两个图中可以看出，和面时间为 4min 时，不经醒发即刻压制的面团的水分分布均匀性明显差于 8min 和 12min，表明较长的和面时间有利于水分均匀分布。25℃贮藏 24h 和 48h 后，8min 面团图像中增加的黄绿斑点的大小和数量明显小于其他两种和面时间，表明其在贮藏过程中的水分迁移和结构劣变较为缓慢，而和面时间不足或和面过度均会加速这一变化。出现这一现象，主要是由于和面时间不足或过长会导致较高的面团水分流动性（表 5-4 和表 5-6）。图 5-8 为济麦 22 制作的面团的 MRI 图像，其表现与济麦 20 和宁春 4 号有所不同。和面时间为 4min 和 12min 时，不经醒发即刻压制的面团的水分分布均匀性均明显差于 8min；而贮藏 24h 后，3 种处理间的差异变得不明显，这可能是由于 24h 的醒发作用使本来并不均匀的水分分布和内部结构逐渐变得均匀，而此时微生物的生长和其他生化反应产生的劣变作用还不明显；贮藏时间达 48h 后，差异又显现出来，4min 和 12min 的面团图像中的黄绿斑点明显更大、更多。

四、NMR 和 DSC 水分状态结果的相关分析

NMR 和 DSC 两种技术分析低水分面条面团中的水分状态，结果的相关性分析如表 5-7 所示。DSC 测得的可冻结水 W_{fro} 与 NMR 测得的横向弛豫时间峰面积 A_{21} 呈极显著负相关（r=-0.726，P<0.01），与 A_{22} 呈极显著正相关（r=0.695，P<0.01）。非冻结水 W_{nf} 与横向弛豫时间 T_{22} 和峰面积 A_{22} 呈显著负相关，相关系数分别为 -0.714（P<0.01）和 -0.520（P<0.05）；与峰面积 A_{21} 呈显著正相关（r=0.564，P<0.05）。结果表明，尽管 NMR 和 DSC 两种技术的测定原理不同，但

分析水分状态的结果具有一致性；NMR 测得的弱结合水与 DSC 测得的可冻结水具有相同的变化趋势，而深层结合水与非冻结水具有相同的变化趋势。

表 5-7　DSC 和 NMR 测定面条面团中水分状态结果的相关分析

项目	深层结合 T_{21}	弱结合水 T_{22}	自由水 T_{23}	A_{21}	A_{22}	A_{23}
可冻结水百分比（W_{fro}）	−0.204	0.104	0.124	-0.726^{**}	0.695^{**}	0.044
非冻结水百分比（W_{nf}）	0.181	-0.714^{**}	0.291	0.564^{*}	-0.520^{*}	−0.173

注：* 表示在 0.05 水平上显著，** 表示在 0.01 水平上极显著。

第四节　讨论与小结

一、讨论

本章研究了真空度对低水分面条面团中水分形态和分布的影响。LF-NMR 和 DSC 测定结果均表明，0.06MPa 真空和面会降低面团中水分的流动性，促进水分结构化，使水分分布更均匀，且在贮藏过程中水分迁移和结构劣变相对较慢。作者前期研究了真空和面对低水分面团结构特性的影响，结果表明，采用 0.06MPa 真空和面可以改善面团质地，使面团内部结构更加致密，面筋形成更为充分、均匀（刘锐等，2014c）。两个研究从不同角度表明，适度的真空和面，可以促进水分与面筋蛋白的相互作用，有利于面团结构的形成和保持。本章结果还表明，非真空或过高真空度均可能导致面团中水分自由度的增加，这也与前期所得到“最佳真空度为 0.06MPa”的结果一致。

本章分析了和面时间对低水分面条面团中水分形态和分布的影响。LF-NMR 和 DSC 分析结果均表明，和面时间为 8min 时，面团中水分的流动性较低、分布更为均匀，而和面时间不足或和面过度均可能导致水分流动性的增加和分布均匀性的降低；这与前期所得“最佳和面时间为 7.2min”的结果相对应（刘锐等，2015a）。这是由于和面时间短会导致水分分布不均匀，面筋蛋白水合不充分；和面时间过长，机械能输入较多，导致面团温度升高，面筋延展过度，持水能力降低。宁春 4 号的分析结果与其他两种小麦粉略有不同，即和面时间仅 4min 时，其面团中即具有较多的深层结合水和较少的弱结合水，随着和面时间继续延长，水分流动性增加。这可能是因为宁春 4 号蛋白质和湿面筋含量低、筋力强，在较短的搅拌时间内，面筋蛋白即完成吸水（陈卫江等，2006）；继续搅拌，在机械外力作用下，物料不断相互撞击、摩擦，面筋网络中紧密结合的水开始缓慢游离出来。宁春 4 号面筋筋力强，对水的结合和保持能力强，因此由 4min 延长搅拌至 8min 时，变化并不显著；搅拌至 12min，面团中的水分状态与 4min 时表现出显著性差异（表 5-4）。

用 LF-NMR 和 DSC 分析面团中的水分状态，其测定结果具有一定的相关性（$P<0.05$）。其中，弱结合水横向弛豫时间 T_{22} 与非冻结水百分比 W_{nf} 呈高度负相关（$r=-0.714$）。T_{22} 反映的是弱结合水的结合程度，T_{22} 的降低表明这部分水结合地更为紧密；而非冻结水是指在测试温度范围内未发生相变、与高分子物质结合紧密的一部分水；因此 T_{22} 的降低可能会引起非冻结水的增多。A_{21} 表示面团中深层结合水的百分比，这部分水主要存在于淀粉粒内部，不易冻结（Lu 和 Seetharaman，2013），故而与 DSC 测试结果中的非冻结水百分比呈高度正相关（$r=0.726$，$P<0.01$）。LF-NMR 操作方法简单快速，精确度高，重复性好，能够保持样品的完整性，且测量结果受样品形状、大小的影响较小，是一种便捷、有效、无损的测定分析方法（郭婷等，2013）。MRI 还具有可成像的优势，可以直接观察到样品内部不同切层的质子密度图像，对于分析物质结构特性有重要意义。而 DSC 是通过样品中水的结晶行为反映水分结合状况，并不能提供关于食品中结合水物理状态的直接信息，并且在测定过程中，降温和加热可能会导致一些物理、化学变化，不能准确反映体系水分的结合特征。本章研究还可以看出，LF-NMR 技术灵敏度更高，提供的水分状态信息也更为详细。通过 LF-NMR 可以分析出真空度对济麦 22 面团 T_{23}、A_{21} 有显著影响，以及和面时间对宁春 4 号面团 A_{21}、A_{22} 有显著影响；而 DSC 分析结果却表明，真空度对济麦 22 面团的水分结合状态以及和面时间对宁春 4 号面团的水分结合状态无显著影响。

二、小结

（1）在含水率为 35% 的面条面团中，水分主要以弱结合水形态存在，占总水分的 80% 左右。蛋白质含量和面团强度不同的小麦粉，其面团的水分形态及分布存在差异，强筋小麦济麦 20 制作的面团中水分自由度较低。

（2）0.06MPa 真空和面，可以促进水分与面筋蛋白的相互作用，降低面团中水分子流动性，促进水分结构化；而非真空或过高真空度均会导致面团中水分自由度增加。MRI 分析表明，与 0MPa 和 0.09MPa 相比，0.06MPa 真空和面制作的面团水分分布更加均匀，且在贮藏过程中水分迁移和结构劣变相对缓慢。

（3）和面时间为 8min 时，面团中水分的流动性较低、分布更均匀，且在贮藏过程中的水分迁移和结构劣变较慢；而和面时间不足或和面过度均会导致较高的水分流动性、加速贮藏过程中的结构劣变。

（4）采用 LF-NMR 和 DSC 测得面团中水分状态的结果具有一致性。LF-NMR 测得弱结合水峰面积百分比与 DSC 测得的可冻结水百分比具有相同的变化趋势（r=0.695），且深层结合水峰面积百分比与非冻结水百分比具有相同的变化趋势（r=0.564）。LF-NMR 技术具有准确、灵敏、便捷、无损的优势，是分析食品中水分形态和分布的优选技术。

第六章

真空度对面团理化结构的影响

第一节　概述

面条是中国传统主食，约占小麦消费量的 40%。与传统的含水率 50% 左右的面团不同，工业化面条面团是一种含水率仅为 30%~35% 的松散絮状物，所含面筋是不连续的，只有在复合压延后，面筋碎片才形成连续的网络结构。真空和面是一种用于面条工业生产中的新型和面方式，其搅拌过程在真空状态下进行。Li 等（2012）研究表明，真空和面可以显著改善生鲜面条的色泽（Solah 等，2007），使其具有更加连续紧密的面筋网络，降低其烹调损失，提高煮后面条的硬度和拉伸强度（骆丽君等，2012）。刘锐等（2015a）采用三元二次回归正交旋转组合设计，探讨了真空度、加水量、和面时间等真空和面工艺参数对生鲜面条和冷藏面条感官和烹调特性的影响，确证了真空和面对面条质量的改善作用，并确定最佳真空度为 0.06MPa。部分学者认为，这是由于真空和面可以使水分充分渗透至小麦粉颗粒内部，促进蛋白质与水的相互作用，从而保证面筋网络在和面及压延过程中充分形成（陆启玉，2007；Fu 等，2008；Li 等，2014）。研究真空度对低水分面条面团的物理特性和蛋白质化学结构的影响，有助于揭示真空和面的作用机制，阐明面筋蛋白在面条加工中的作用机制。

为明确和面真空度对低水分面条面团的理化结构特性的影响，本章以 3 个质量类型小麦品种磨制的面粉为材料，在不同真空度下制作面团（含水率 35%），测定其质构特性，采用红外显微镜和扫描电镜分析其微观结构，采用尺寸排阻高效液相色谱、激光衍射粒度分析仪、十二烷基硫酸钠聚丙烯酰胺凝胶电泳（SDS-PAGE）、傅立叶变换红外光谱等分析蛋白质的组分、分子质量分布、亚基和二级结构。

第二节　材料与方法

一、试验材料

试验选用的3个小麦品种为郑麦366、宁春4号、济麦22，为2012年收获，分别由河南开封市农林科学院、内蒙古巴彦淖尔市农牧业科学研究院、山东省农业科学院作物研究所提供。小麦品种样品清理后，测定籽粒含水率和硬度，调节水分含量；参照AACCI 26—10.02，根据籽粒硬度确定润麦加水量。硬麦为16.5%，中硬麦为15.5%，软麦为14.5%。润麦时间为24h，采用Buhler MLU 202实验磨制粉，出粉率约70%。

小麦粉质量测定方法：

①蛋白质含量：采用Perten DA 7200型近红外分析仪测定，参照GB/T 24871—2010。

②湿面筋含量：参照GB/T 5506.1—2008。

③粉质参数：采用Brabender 827504型粉质仪测定，参照GB/T 14614—2019。

④拉伸参数：采用Brabender 860033/002型拉伸仪测定，参照GB/T 14615—2019。

⑤淀粉糊化特性：采用Brabender MVAG803202型微量快速黏度仪测定，参照GB/T 24853—2010。

试验用小麦粉的质量性状如表6-1所示。郑麦366小麦粉的蛋白质和湿面筋含量较高，面团稳定时间、最大拉伸阻力、延伸性均明显大于其他两种小麦粉，属于强筋小麦粉；其峰值黏度和崩解值也明显高于其他两种小麦粉。宁春4号和济麦22均属于中筋小麦粉；其中，宁春4号的蛋白质和湿面筋含量低于济麦22，而面团稳定时间和最大拉伸阻力又明显较大。

表6-1　试验用小麦粉质量性状

小麦粉	蛋白质含量/%	湿面筋含量/%	稳定时间/min	最大拉伸阻力/EU	延伸性/mm	峰值黏度/BU	崩解值/BU
济麦22	13.3	34.9	1.9	128.1	168.4	451	56
宁春4号	12.1	29.0	5.2	231.3	163.4	459	128
郑麦366	15.0	35.6	15.6	559.4	209.3	605	208

二、仪器与设备

MLU 202 实验磨（瑞士 Buhler 公司）；DA 7200 型近红外分析仪（瑞典 Perten 公司）；827504 型粉质仪（德国 Brabender 公司）；860033/002 型拉伸仪（德国 Brabender 公司）；MVAG 803202 型微量快速黏度仪（德国 Brabender 公司）；真空和面机（河南东方面机集团有限公司）；JMTD-168/140 试验面条机（北京东方孚德技术发展中心）；TA-XT2i 型质构仪（英国 Stable Micro System 公司）；IB-5 离子镀膜仪（日本 Hitachi 公司）；S-570 扫描电子显微镜（日本 Hitachi 公司）；LUMOS 独立式红外显微镜（德国 Bruker 公司）；ALPHA 1-2LD PLUS 真空冷冻干燥机（德国 CHRIST 公司）；ZM200 超离心粉碎机（德国 Retsch 公司）；Comfort™ 恒温混匀仪（德国 Eppendorf 公司）；3-30K 高速台式冷冻离心机（德国 SIGMA 公司）；S3500 Bluewave 型激光粒度分析仪（美国 Microtrac 公司）；Kjeltec TM 2300 凯式定氮仪（丹麦 Foss 公司）；Ymnl-150Y 超声波细胞破碎仪（南京以马内利仪器设备有限公司）；1200 高效液相色谱仪（美国 Agilent 公司）；TSK-gel G4000 SWxl 排阻色谱柱（日本 TOSOH 公司）；PROTEAN II xi Cell 垂直电泳仪（美国 Bio-Rad 公司）；Tensor 27 傅立叶变换红外光谱仪（德国 Bruker 公司）。

三、和面试验设计

准确称量 2000g 小麦粉于真空和面机中，加入适量蒸馏水，控制面团最终含水率为 35%，启动和面机；先低速（85r/min）搅拌 1min，然后高速（125r/min）搅拌 3min，再低速（85r/min）搅拌 4min；真空泵在低速搅拌 1min 后启动，真空度分别设置为 0、0.06、0.08MPa。其中，0.06MPa 是前人研究得出的最佳和面真空度（Li 等，2012；骆丽曼等，2012；刘锐等，2015a）。

每种小麦粉在 3 种真空度下各重复和面 2 次，和面试验共 18 次。

四、试验方法

（一）样品预处理

将调制后的絮状面团取出，一部分在试验面条机上逐步压延成厚 1.5mm 的面片，用于 TPA、SEM 和傅立叶变换红外显微成像分析。压延工序：3.0mm 辊间距压延 3 次，其中直接压 1 次、对折压 2 次；在 2.5、2.0、1.5mm 辊间距分别压 1 次。一部分于液氮中快速冷冻，然后真空冷冻干燥 24h；采用 Retsch ZM200 超离心粉碎机粉碎，选用 0.50mm 筛圈，转速 10000r/min，用于蛋白质化学结构分析。

（二）质构分析（TPA）试验

采用 TA-XT2i 型质构仪测定生面片的质构特性。测试时将面片裁制成直径 6cm 的圆形。参数设置：测定模式为 TPA 模式，选择 P/35 探头；测定前速度 2mm/s，测定时速度 0.5mm/s，测定后速度 2mm/s，压缩比 50%，2 次压缩停留间隔 10s，起点感应力（触发值）10g（0.098N），数据采集速率 200Hz。每次和面试验所制样品做 10 个平行。

（三）扫描电镜观察

截取面片样品用戊二醛固定 48h，再用锇酸固定 2h；CO_2 超临界点干燥后，将样品切片并固定在样品台上。采用 Hitachi IB-5 离子镀膜仪进行喷金处理后，置于 S-570 扫描电子显微镜下，分别放大 300 倍和 1000 倍观察并拍照。

（四）红外显微成像分析

面片样品真空冷冻干燥后，采用 Bruker LUMOS 独立式红外显微镜进行红外显微成像检测。采用衰减全反射（ATR）检测模式，碲镉汞（MCT）检测器，以空气为参比，波数范围为 4000~600cm^{-1}，在 4cm^{-1} 光谱分辨率下，采集红外谱图，扫描次数为 16。面阵采样，30×15 个点，成像面积 600μm×300μm，空间分辨率 20μm×20μm。

（五）GMP 含量及粒度分布分析

取 50 mg 冻干面团样品，加入 1mL 15g/L 的 SDS 溶液，漩涡振荡混匀，30℃恒温振荡 30min，25℃下 15500×g 离心 15min，弃上清液，采用凯氏定氮法测定沉淀中的蛋白质含量作为GMP的近似含量（刘锐等，2013c）。每个样品做2次重复，取平均值。

参照 Don 等（2003b）和曹丽等（2012）的方法，略作修改。称取 1.5g 冻干样品，置于 50mL 离心管中，加 15g/L SDS 溶液 30mL，漩涡振荡混匀，30℃恒温振荡 30min，25℃下 80000×g 离心 30min，弃上清液。将约 1g 上层蛋白质凝胶转移到 10mL 离心管中，加入 5mL 15g/L SDS 溶液，混匀。采用 Microtrac S3500 Bluewave 型激光粒度分析仪分析。

（六）体积排阻高效液相色谱（SE-HPLC）

蛋白质的提取参照 Hou 等（2013）的方法进行。160mg 冻干面团样品中加入 20mL 10g/L SDS-0.1mol/L 磷酸钠缓冲液（pH 6.9），漩涡振荡混匀。采用 Ymnl-150Y 超声波细胞破碎仪，以 5W 功率超声破碎 3min。然后置于 Thermomixer 上，65℃恒温振荡 30min，37000×*g* 离心 30min。上清液过 0.45μm 滤膜。每种处理的样品重复提取 2 次，每份提取液上样测定 2 次。

色谱系统：Agilent 1200 高效液相色谱仪。色谱柱：TOSOH TSK-gel G4000 SWxl。色谱条件参照 Mujoo 和 Ng（2003）、Hou 等（2013）。流动相 1g/L SDS-0.1mol/L 磷酸盐缓冲液（pH 6.9），流速 0.7mL/min，进样量 20μL；采用 1200 二极管阵列检测器，检测波长 210nm。采用 Sigma 排阻色谱蛋白质标准品：甲状腺球蛋白（670000）、γ- 球蛋白（150000）、清蛋白（44300）、核糖核酸酶 A（13700）。

参照 Johansson 等（2001）、Mujoo 和 Ng（2003）、Kuktaite 等（2004）和 Hussain 等（2013）的方法，根据洗脱蛋白的分子质量，将色谱图分为 4 个部分，采用 Agilent ChemStation 软件计算吸收峰面积和面积百分比。

（七）十二烷基硫酸钠聚丙烯酰胺凝胶电泳（SDS-PAGE）

样品的制备：称取 50 mg（干基）冻干面团，加入 1mL 样品溶解液（0.05mol/L 的 Tris-HCl 缓冲液，pH 6.8，其中含有 20g/L SDS，5%（体积分数）2- 巯基乙醇，10%（体积分数）甘油，1g/L 溴酚蓝，混匀后室温振荡 30min，100℃加热 5min，然后 8000×*g* 离心 5min。每种处理的样品重复提取 2 次，每份提取液上样测定 2 次。

低分子质量标准蛋白（北京索莱宝科技有限公司）：磷酸化酶 b 97.4ku、牛血清白蛋白 66.2ku、肌动蛋白 43.0ku、碳酸酐酶 31.0ku、胰蛋白酶抑制剂 20.1ku、溶菌酶 14.4 ku。

电泳条件：采用 Bio-RadPROTEAN Ⅱ xi Cell 凝胶电泳系统，胶厚度 1.0 mm，宽 20cm，长 20cm。使用 5% 浓缩胶（pH 6.8）和 10% 分离胶（pH 8.8），每道上样 30μL。电流恒定在 10 mA，溴酚蓝指示剂迁移至胶底时停止电泳。考马斯亮蓝染色，脱色液（醋酸：乙醇：蒸馏水 =1：0.5：8.5）脱色。

（八）蛋白质二级结构分析

图谱扫描：称取冻干面团约 2mg，加入优级纯溴化钾作为稀释剂，在玛瑙研钵中充分研磨后压片，1.4MPa 压力约保持 1min，然后将制得的均匀透明薄片放入傅立叶变换红外光谱仪中进行测定。光谱扫描范围 4000~400cm^{-1}，分辨率 4cm^{-1}，信号扫描累加 64 次。每种处理的样品重复测定 4 次。

图谱处理：采用仪器自带的红外光谱软件 OPUS 5.5 和 Peak Fit 4.12 对图谱进

行分析处理。首先对所得原始吸收图谱进行背景扣除和水分、CO_2 气氛补偿，然后对位于酰胺 I 带（1700~1600cm^{-1}）的吸收峰进行二阶导数、傅立叶自退去卷积分析，使得叠加的各个子峰得到分辨。1625~1600cm^{-1} 和 1640~1625cm^{-1} 所对应的谱峰是分子间和分子内 β- 折叠（Wellner 等，2005），1652~1644cm^{-1} 是无规则卷曲，1660~1652cm^{-1} 是 α- 螺旋，1685~1660cm^{-1} 是 β- 转角（Bock 等，2013a，b）。

（九）游离巯基（—SH）测定

参照 Anderson 和 Ng（2000）的方法。称取 30 mg 冻干样品，加入 1.0mL A 液[8mol/L 尿素，3 mmol/L 乙二胺四乙酸（EDTA），10g/L SDS 和 0.2 mol/L Tris-HCl（pH 8.0）]，漩涡振荡混匀，25℃恒温振荡 1h，再往其中加入 0.1mL B 液[10mmol/L 5，5′ - 二硫代双 -（2- 硝基苯甲酸）（DTNB），0.2mol/L Tris-HCl（pH 8.0）]，继续 25℃恒温振荡 1h，13600 × g 离心 10min，上清液在 412nm 处比色，对照为 1.0mL A 液 + 0.1mL B 液。

五、数据统计与分析

采用 Excel 2007 进行数据整理和图表绘制，所有数据采用平均值 ± 标准差表示。采用 SPSS 16.0 中的 One-Way ANOVA 程序进行方差分析，LSD 法进行多重比较，显著水平为 0.05。

第三节　结果与分析

一、质构特性

如表 6-2 所示，真空度对面团质构特性有显著影响。对于济麦 22，真空度为 0.06MPa 时，面团的黏着性、弹性、胶着性和咀嚼性显著高于非真空和面；而真空度提高到 0.08MPa 时，面团的硬度、黏着性、弹性、胶着性和咀嚼性会显著降低。与济麦 22 相似，宁春 4 号面团在 0.06MPa 时，其黏着性、弹性和咀嚼性显著高于 0MPa，而真空度增加到 0.08MPa，面团的黏着性、弹性和咀嚼性又会降低。而对于郑麦 366，真空度为 0.08MPa 时，对面团质构特性的改善更为明显，其面片的硬度、黏着性、胶着性、咀嚼性和回复性均显著较高。整体来说，真空和面可以使面团质地更紧实。这从一定程度上解释了真空和面对面条质量的改善作用。在真空条件下和面，除去了和面机中和小麦粉间的空气，使水分充分渗入小麦粉颗粒之间，促进了小麦粉吸水和面筋网络结构形成（Hou 等，2010a）。研究结果还表明，过高的真空度会弱化济麦 22 面团的质地，真空度对济麦 22 面团质构特性的影响大于郑麦 366 和宁春 4 号。这是由于济麦 22 小麦粉的面筋筋力弱、面团强度小，因此受真空度变化的影响更明显。

表 6-2　真空和面对面团 TPA 质构特性的影响

小麦粉	真空度 /MPa	硬度 /g	黏着性 /（-g・s）	弹性
济麦 22	0	32102 ± 769[ab]	1233 ± 238[b]	0.86 ± 0.06[b]
	0.06	32816 ± 417[a]	2643 ± 958[a]	0.93 ± 0.06[a]
	0.08	31296 ± 1764[b]	1279 ± 674[b]	0.87 ± 0.08[b]
宁春 4 号	0	29825 ± 632[a]	2080 ± 576[b]	0.91 ± 0.05[b]
	0.06	30409 ± 383[a]	2987 ± 726[a]	0.96 ± 0.04[a]
	0.08	30197 ± 905[a]	2154 ± 658[b]	0.95 ± 0.04[ab]
郑麦 366	0	31719 ± 1010[b]	2764 ± 723[c]	0.90 ± 0.06[a]
	0.06	31687 ± 715[b]	3389 ± 694[b]	0.92 ± 0.05[a]
	0.08	32989 ± 615[a]	3684 ± 1178[a]	0.93 ± 0.05[a]

小麦粉	黏聚性	胶着性	咀嚼性	回复性
济麦 22	0.50 ± 0.01[a]	15865 ± 393[b]	13734 ± 1158[b]	0.70 ± 0.02[a]
	0.49 ± 0.01[a]	16230 ± 367[a]	15162 ± 1110[a]	0.70 ± 0.01[a]
	0.49 ± 0.49[a]	15418 ± 750[b]	13411 ± 1684[b]	0.69 ± 0.03[a]
宁春 4 号	0.46 ± 0.01[a]	13682 ± 387[a]	12309 ± 873[b]	0.68 ± 0.02[a]
	0.46 ± 0.01[a]	13896 ± 276[a]	13220 ± 605[a]	0.68 ± 0.02[a]
	0.47 ± 0.01[a]	13922 ± 286[a]	12911 ± 888[ab]	0.69 ± 0.01[a]
郑麦 366	0.44 ± 0.01[a]	14146 ± 471[b]	12827 ± 1071[b]	0.59 ± 0.01[b]
	0.44 ± 0.01[a]	14006 ± 391[b]	13226 ± 818[ab]	0.59 ± 0.01[b]
	0.45 ± 0.01[a]	14718 ± 521[a]	13644 ± 693[a]	0.61 ± 0.02[a]

注：字母不同表示同一列数据之间存在显著性差异（$P<0.05$）。

二、电镜扫描观察

不同真空度制作的面团的截面扫描电镜图如图 6-1、图 6-2、图 6-3 所示，其中（1）、（3）、（5）为放大 300 倍，（2）、（4）、（6）为放大 1000 倍。对于 3 种小麦粉，与非真空和面相比，0.06MPa 真空和面制作的面团内部结构更加致密，面筋网络更为连续、均匀，大、小淀粉粒被紧紧黏附或包裹其中。这一现象从很大程度上解释了面团质构特性改善的原因。然而，真空和面对郑麦 366 面团微观结构的改善作用明显小于济麦 22。这可能是由于郑麦 366 的蛋白质和湿面筋含量高，面筋筋力强，因此即使在非真空条件下，连续紧密的面筋网络结构也能形成。

当真空度增加至 0.08MPa，济麦 22 面团微观结构变得疏松、不均匀，部分面筋呈纤维丝状，部分呈膜状，出现较多的淀粉粒脱落的痕迹［图 6–1（5）~（6）］，

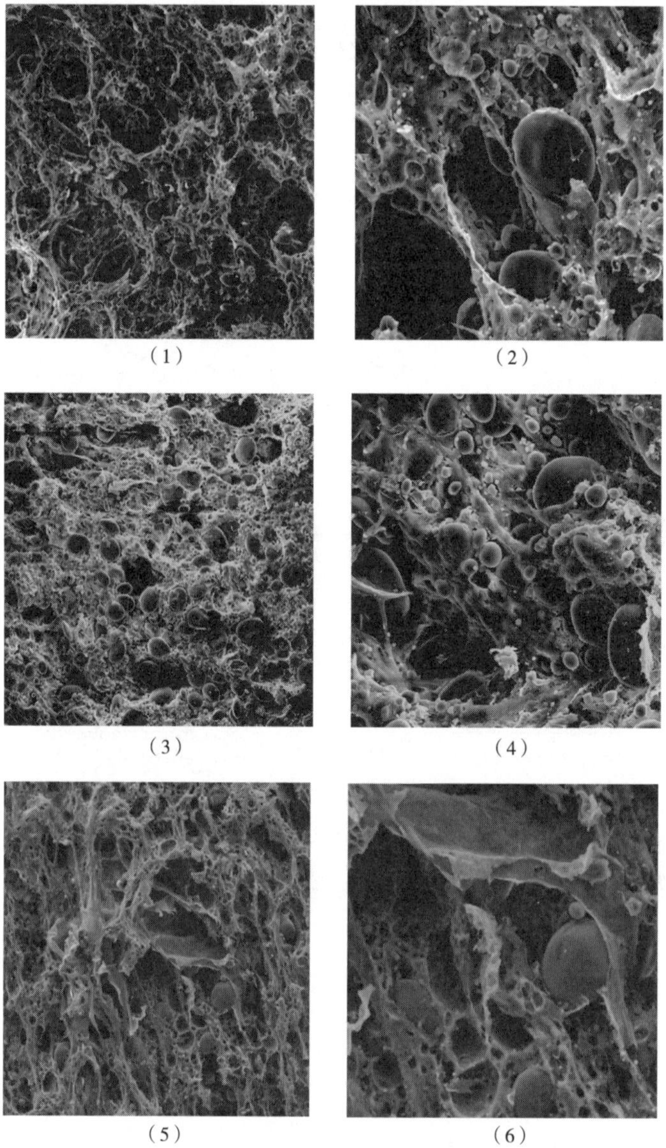

图 6–1 不同真空度下济麦 22 面团截面的扫描电镜图

注：0MPa［（1）×300，（2）×1000］，0.06MPa［（3）×300，（4）×1000］，0.08MPa［（5）×300，（6）×1000］。

这表明过高的真空度导致面筋扩展过度。对于宁春 4 号，0.08MPa 真空度制作的面团表现出较不均匀的微观结构，一些孔洞和过度延展的面筋被观察到。而对于郑麦 366，高真空度（0.08MPa）制作的面团的内部结构更加致密、均匀，形成完善的面筋结构将淀粉粒紧密包裹。这与质构分析（TPA）的结果（表 6-2）一致，对于强筋小麦郑麦 366，较高的真空度有利于面筋结构的形成和面团质地的改善。

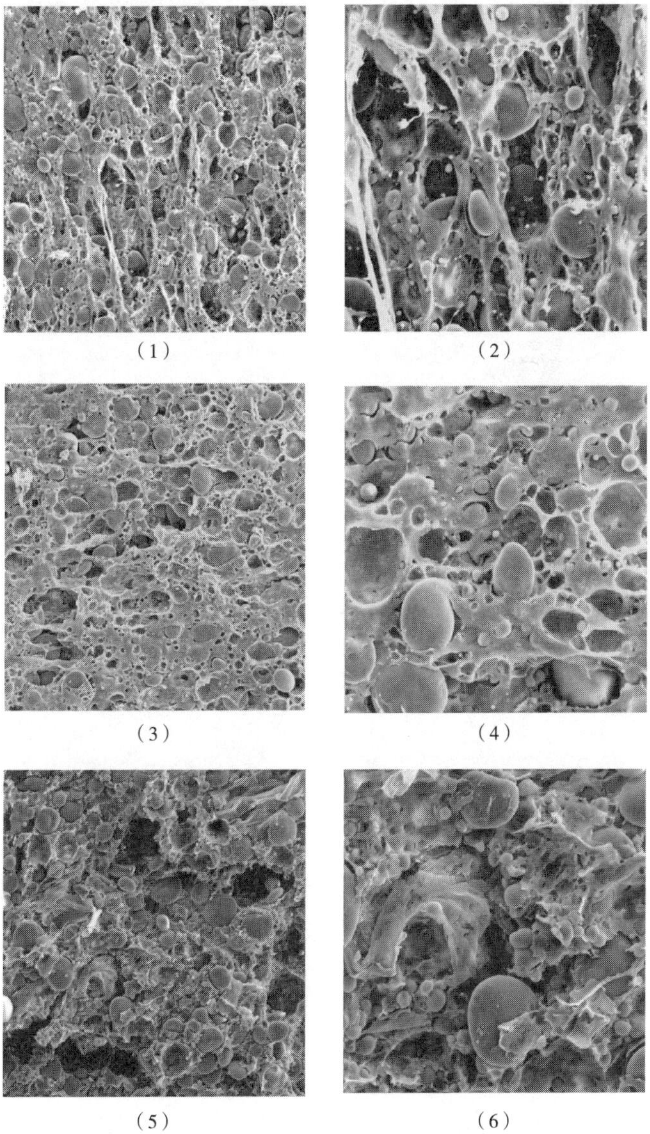

图 6-2　不同真空度下宁春 4 号面团截面的扫描电镜图

注：0MPa［（1）×300，（2）×1000］，0.06MPa［（3）×300，（4）×1000］，0.08MPa［（5）×300，（6）×1000］。

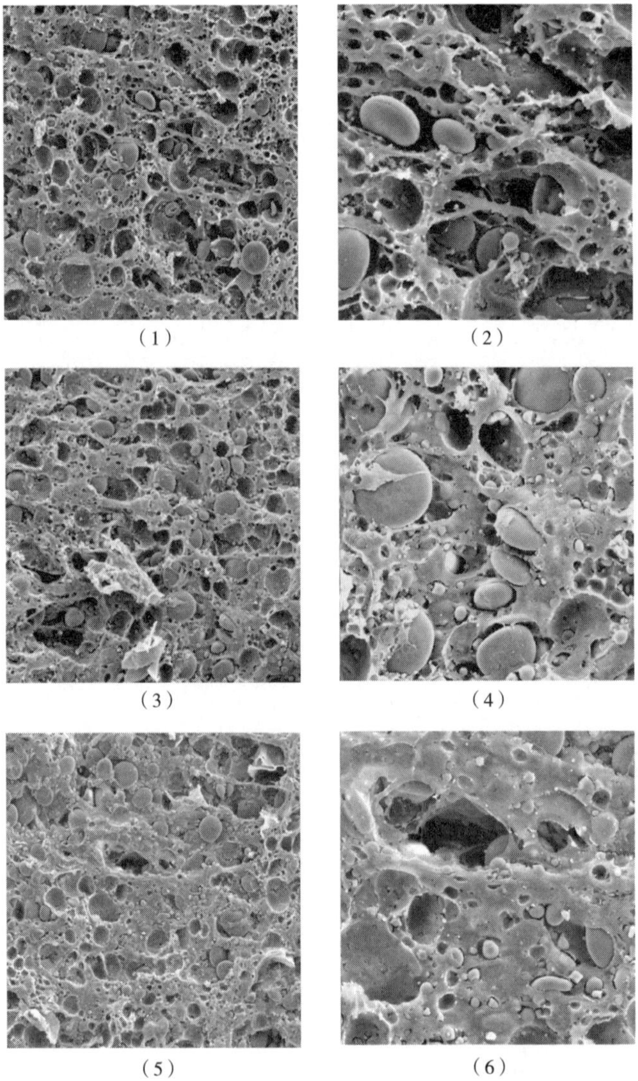

图 6-3 不同真空度下郑麦 366 面团截面的扫描电镜图

注：0MPa［（1）×300，（2）×1000］，0.06MPa［（3）×300，（4）×1000］，0.08MPa［（5）×300，（6）×1000］。

三、红外显微成像分析

红外显微成像技术（FTIR-M）是将光谱分析技术和图像技术结合到一起，得到的红外光谱图像即物体空间各个点的光谱，通过对各个点的光谱分析就能得到不同化学官能团及化合物在微区分布的三维立体图或平面图，并以彩色图像的形式显示。不同颜色代表该区域某一基团的吸光度不同。通过成分图像分析，可以获得某一微小区域内成分图像，从而可以分析样品在各扫描微区的组分及结构特征，因此可以表征样品的结构、官能团的空间分布及其变化等。衰减全反射（ATR）测量模式，具有红外吸收强度高、信噪比高、不破坏样品等特点，适应于需进行表面成分分析的样品。因此，傅立叶变换衰减全反射红外显微成像（ATR-FTIR-M）作为一种无损、可视化、高精度、高灵敏度的检测技术，是分析复杂物料化学组成、空间分布、结构特性的有效手段。

小麦蛋白质、小麦淀粉和面条面团某一点的红外光谱图如图 6-4 所示。小麦蛋白存有明显的酰胺Ⅰ区和酰胺Ⅱ区的特征吸收谱带，特征峰分别位于 $1650cm^{-1}$ 和 $1540cm^{-1}$ 附近。酰胺Ⅰ区的吸收主要来自 C ═ O 键的伸缩振动，酰胺Ⅱ区的吸收主要来自 N—H 键的弯曲振动和 C—N 键的伸缩振动，酰胺Ⅰ和Ⅱ区（$1715\sim1484cm^{-1}$）的积分面积用于表示蛋白质数量（Zhang 等，2013）。而小麦淀粉在 $1180\sim953cm^{-1}$ 区间存在一系列吸收值较大的重叠谱峰。

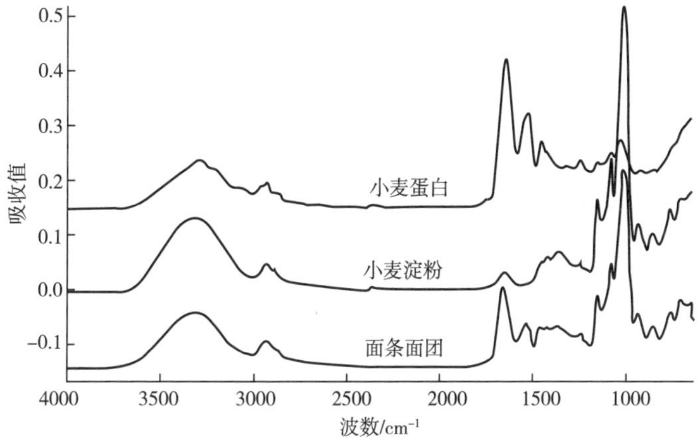

图 6-4　小麦蛋白、小麦淀粉和面条面团某一点的衰减全反射红外谱图

采用 ATR 模式，对不同真空度下制作的面团表面进行红外显微成像分析。图 6-5（见本书彩插）为某一面条面团的表层蛋白质数量分布的 3D 伪彩图。图像上的颜色是根据图像中每个像素点的蛋白质特征吸收峰的积分面积确定的伪色。吸收强度越大的像素点，在红外显微图像上表现出来的颜色偏红或粉亮，代表蛋白质数量较多；吸收强度越小的像素点，在红外显微图像上表现出来的颜色偏蓝，代表蛋白质数量较少。从图 6-5 中可以看出，面团表层蛋白质数量的变异程度较大。

图 6-6（见本书彩插）为面团表层蛋白质数量的空间分布图，以 2D 伪彩图的形式表示。从图 6-6 中可以看出，郑麦 366 面团表层蛋白质含量明显高于济麦 22 和宁春 4 号。与非真空和面相比，真空度为 0.06MPa 时，3 种小麦粉面团的表层蛋白质分布更加均匀一致，表明面筋网络结构扩展更均匀，且淀粉粒被均匀包裹。然而，过高的真空度（0.08MPa）会导致面团表层包裹的面筋质减少，蛋白质分布均匀性降低。进一步分析可以看出，真空和面对济麦 22 和宁春 4 号面团表面结构的影响大于郑麦 366，这与在 TPA 和 SEM 研究中的发现一致。

四、谷蛋白大聚体（GMP）含量及粒度分布

谷蛋白大聚体（GMP）是小麦籽粒中最重要的蛋白质聚合体，不溶于 1.5%SDS 溶液，且分子质量较大，由 HMW- GS 和 LMW-GS 通过链间二硫键组成（Don 等，2006）。GMP 的含量和分子结构与小麦加工品质密切相关，决定着面筋强度和面团特性，在面制食品加工中的作用远大于可溶性谷蛋白聚合体和单体蛋白（刘锐等，2014b）。

（一）GMP 含量

GMP 在面团形成过程中起重要作用，其含量与 Mixograph 面团和面时间、Farinograph 面团形成时间、Farinograph 面团稳定时间和 Extensigraph 面团最大拉伸阻力呈显著正相关（Gupta 等，1993；Sapirstein 和 Fu，1998；赵惠贤等，2001；唐建卫等，2008）。真空和面对 3 种小麦粉面团 GMP 含量的影响如图 6-7 所示。郑麦 366 小麦粉及其制作的面团，其 GMP 含量均明显高于其他两种小麦粉；这与前人的研究结果一致，GMP 含量高的小麦品种，其面筋含量较高、面团的强度和弹性较大（Gupta 等，1993；Sapirstein 和 Fu，1998；李春燕等，2009）。如图 6-7 所示，真空和面对郑麦 366 和济麦 22 面团中的 GMP 含量有显著影响；真空度为 0.06MPa 时，两种小麦粉制作的面团中 GMP 含量较高。对于济麦 22，0.06MPa 面团的 GMP 含量显著高于非真空和面（$P<0.05$），而对于其他两种小麦粉，则差异不显著；这表明，面筋质量弱、面团强度小的济麦 22 小麦粉在和面时，其面筋蛋白聚合度受真空度变化的影响更明显。

（二）GMP 粒度分布

小麦胚乳中 GMP 以球形颗粒形式存在，粒径范围为 1~300 μm；其粒度分布

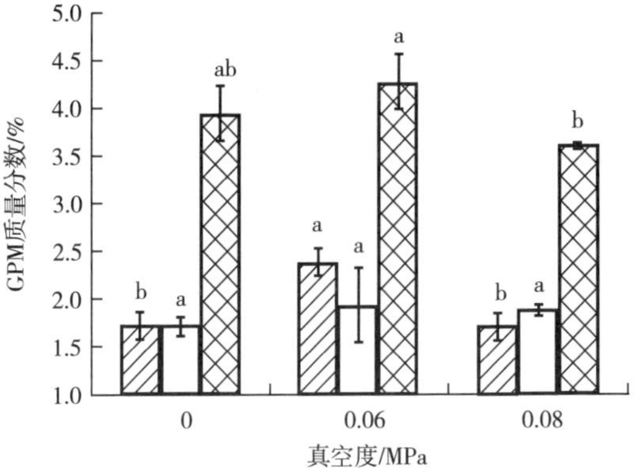

图 6-7　真空和面对面团中 GMP 含量的影响

▨ 济麦22　□ 宁春4号　⊠ 郑麦366

注：字母不同表示同一品种小麦粉之间存在显著性差异（$P<0.05$）。

反映其聚合程度，与面团特性和烘焙品质密切相关（刘锐等，2014b；Don 等，2003b；Liang 等，2008）。不同真空条件下制作的济麦 22 面团中的 GMP 粒度分布如图 6-8 所示。以体积百分比表示的 GMP 粒度分布呈三峰曲线，第 1 个峰值出现在 2~8 μm，第 2 个峰值出现在 15~20 μm，第 3 个峰值出现在 40~80 μm。以表面积百分比表示的 GMP 粒度分布曲线的主峰值在 2.5 μm 左右。以数目百分比表示的 GMP 粒度分布曲线在处理间差异明显；非真空和面的 GMP 粒度分布曲线存在 3 个峰，峰值分别在 0.3、0.8、1.4 μm 左右；而真空和面（0.06、0.08MPa）曲线仅 2 个峰，峰值分别出现在 0.8 μm 左右和 1~1.5 μm。Liang 等（2008）和蔡铁等（2011）分析了小麦粉的 GMP 粒度分布，其曲线特征与本章中面团的 GMP 粒度分布曲线特征存在较大差异，这是因为 GMP 在和面揉混过程中会发生解聚，其含量和分子质量分布均降低（Weegels 等，1997；Don 等，2005；刘锐等，2013c）。从图 6-8 的 3 种 GMP 粒度分布曲线，尤其是表面积和数目分布，可以看出真空和面（0.06、0.08MPa）与非真空和面之间存在明显差异。

真空度对面团中 GMP 颗粒的体积分布有显著影响（表 6-3）。对于济麦 22 小麦粉制作的面团，真空度为 0.06MPa 时，大粒径（$d>100$ μm）GMP 的体积百分比显著高于 0MPa 和 0.08MPa（$P<0.05$），而小粒径（$d<10$ μm）GMP 的体积百分比较低。对于宁春 4 号，0.06MPa 真空度下制作的面团，其小粒径 GMP 的体积百分比显著低于 0MPa 和 0.08MPa，而中粒径（10 μm ≤ d ≤ 100 μm）GMP 的体积百分比显著较高（$P<0.05$）。对于郑麦 366，0.08MPa 真空度下制作的面团，其中粒径

GMP 的体积百分比显著低于 0MPa 和 0.06MPa，而大粒径 GMP 的体积百分比显著较高（$P<0.05$）。

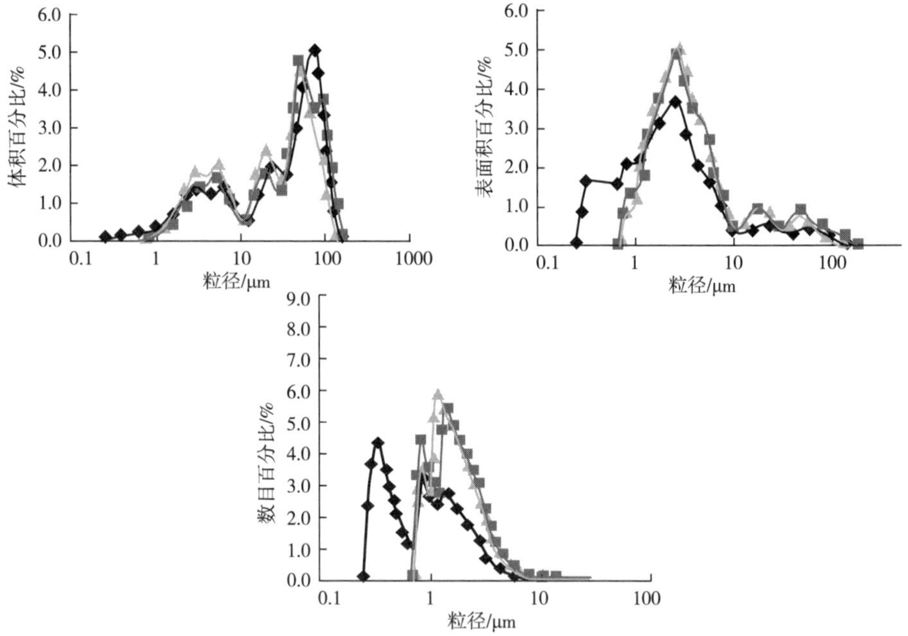

图 6-8 真空度对济麦 22 面团中 GMP 粒度分布的影响

真空度/MPa —◆— 0 —■— 0.06 —▲— 0.08

表 6-3 真空度对面团中 GMP 颗粒体积分布的影响

小麦粉	真空度 /MPa	体积百分比 /%		
		$d<10\,\mu m$	$10\,\mu m \leqslant d \leqslant 100\,\mu m$	$d>100\,\mu m$
济麦 22	0	29.86 ± 3.79^{a}	65.46 ± 2.16^{a}	4.69 ± 1.63^{b}
	0.06	26.82 ± 3.44^{a}	64.10 ± 2.37^{a}	9.09 ± 1.07^{a}
	0.08	33.51 ± 4.12^{a}	63.85 ± 3.69^{a}	2.64 ± 0.42^{b}
宁春 4 号	0	66.00 ± 16.75^{a}	11.04 ± 10.39^{b}	22.97 ± 6.36^{a}
	0.06	32.14 ± 3.71^{b}	53.52 ± 3.63^{a}	14.35 ± 0.08^{a}
	0.08	61.83 ± 9.90^{a}	8.74 ± 0.78^{b}	29.43 ± 9.12^{a}
郑麦 366	0	54.58 ± 12.24^{a}	32.72 ± 7.00^{a}	12.70 ± 5.23^{b}
	0.06	40.88 ± 18.18^{a}	43.52 ± 6.10^{a}	15.61 ± 12.08^{ab}
	0.08	52.01 ± 13.58^{a}	18.97 ± 3.27^{b}	29.02 ± 10.31^{a}

注：字母不同表示同一列数据之间存在显著性差异（$P<0.05$）。

如表 6–4 所示，真空度对济麦 22 和宁春 4 号面团中 GMP 颗粒的表面积分布有显著影响；真空度为 0.06MPa 时，大粒径（d>100 μm）GMP 的表面积百分比显著高于 0MPa 和 0.08MPa，而小粒径（d<10 μm）GMP 的表面积百分比显著低于 0MPa 和 0.08MPa（P<0.05）。真空度对郑麦 366 面团中 GMP 颗粒的表面积分布无显著影响。

表 6–4 真空度对面团中 GMP 颗粒表面积分布的影响

小麦粉	真空度 /MPa	表面积百分比 /%		
		d<10 μm	10 μm ≤ d ≤ 100 μm	d>100 μm
济麦 22	0	88.12 ± 2.91[a]	11.60 ± 2.95[a]	0.29 ± 0.04[b]
	0.06	82.65 ± 1.51[b]	16.61 ± 1.55[a]	0.75 ± 0.04[a]
	0.08	84.31 ± 3.32[ab]	15.51 ± 3.26[a]	0.19 ± 0.06[b]
宁春 4 号	0	99.89 ± 0.06[a]	0.09 ± 0.05[b]	0.03 ± 0.01[b]
	0.06	84.10 ± 6.20[b]	14.96 ± 5.88[a]	0.95 ± 0.32[a]
	0.08	99.86 ± 0.01[a]	0.10 ± 0.00[b]	0.05 ± 0.01[b]
郑麦 366	0	97.04 ± 3.93[a]	2.75 ± 3.64[a]	0.21 ± 0.29[a]
	0.06	99.19 ± 0.37[a]	0.74 ± 0.27[a]	0.07 ± 0.10[a]
	0.08	99.83 ± 0.06[a]	0.16 ± 0.03[a]	0.02 ± 0.03[a]

注：字母不同表示同一列数据之间存在显著性差异（P<0.05）。

如表 6–5 所示，真空度对宁春 4 号面团中 GMP 颗粒的数目分布有显著影响，而对济麦 22 和郑麦 366 无显著影响。对于宁春 4 号，真空度为 0.06MPa 时，大粒径（d>100 μm）GMP 的数目百分比显著高于 0MPa 和 0.08MPa（P<0.05），而其他粒径 GMP 的数目百分比在处理间差异不显著。

表 6–5 真空度对面团中 GMP 颗粒数目分布的影响

小麦粉	真空度 /MPa	数目百分比 /%		
		d<2.5 μm	2.5 μm ≤ d ≤ 10 μm	d>10 μm
济麦 22	0	91.37 ± 11.49[a]	8.57 ± 11.40[a]	0.07 ± 0.09[a]
	0.06	78.01 ± 19.15[a]	21.80 ± 18.99[a]	0.19 ± 0.16[a]
	0.08	81.28 ± 10.01[a]	18.57 ± 9.91[a]	0.16 ± 0.09[a]

续表

小麦粉	真空度 /MPa	数目百分比 /%		
		d<2.5 μm	2.5 μm ≤ *d* ≤ 10 μm	*d*>10 μm
宁春 4 号	0	100.00 ± 0^{a}	0 ± 0^{a}	0 ± 0^{b}
	0.06	85.77 ± 15.35^{a}	14.03 ± 15.24^{a}	0.21 ± 0.11^{a}
	0.08	100.00 ± 0^{a}	0 ± 0^{a}	0 ± 0^{b}
郑麦 366	0	94.88 ± 7.24^{a}	5.10 ± 7.21^{a}	0.03 ± 0.04^{a}
	0.06	99.97 ± 0.05^{a}	0.04 ± 0.05^{a}	0 ± 0^{a}
	0.08	100.00 ± 0^{a}	0 ± 0^{a}	0 ± 0^{a}

注：字母不同表示同一列数据之间存在显著性差异（$P<0.05$）。

上述结果表明，真空和面对面团中 GMP 粒度分布有显著影响，适当的真空度会使 GMP 粒度增大。不同小麦粉间的表现存在差异；济麦 22 和宁春 4 号在 0.06MPa 时大粒径 GMP 所占体积、表面积和数目百分比显著增加，而郑麦 366 在 0.08MPa 时大粒径 GMP 所占体积百分比显著增大；且与 2 个中弱筋小麦粉相比，郑麦 366 面团中 GMP 粒度分布受真空度变化的影响较小，仅体积分布表现出显著性差异。

五、蛋白质分子质量分布

如图 6-9 所示，面条面团样品中蛋白质的排阻高效液相色谱图分成 4 个部分，这与 Johansson 等（2001）、Mujoo 和 Ng（2003）、Kuktaite 等（2004）、Hussain 等（2013）关于小麦蛋白的排阻色谱图结果相似。峰 1（6.0~7.5min）和峰 2（7.5~10.8min）分别对应大分子质量聚合体蛋白（LPP）和小分子质量聚合体蛋白（SPP），主要为谷蛋白；峰 3（10.8~13.2min）对应大分子质量单体蛋白（LMP），主要为醇溶蛋白；峰 4（>13.2min）对应小分子质量单体蛋白（SMP），主要为清蛋白和球蛋白（Johansson 等，2001；Mujoo 和 Ng，2003）。

不同真空度和面对面团中蛋白质组分有显著性影响（表 6-6）。对于济麦 22，与非真空和面相比，0.06MPa 制作的面团蛋白质中 SPP 和 LMP 百分比显著较高，而 SMP 百分比显著较低（$P<0.05$）。真空度增加到 0.08MPa，SPP 百分比降低，SMP 增加。对于宁春 4 号，0.06MPa 制作的面团蛋白质中 LMP 百分比显著低于 0MPa（$P<0.05$），而 LPP 百分比相对较高。真空度为 0.08MPa 时，LPP 和 SPP 百分比显著高于非真空和面，而 SMP 百分比显著较低（$P<0.05$）。对于郑麦 366，与非真空和面相比，0.06MPa 制作的面团蛋白质中 LPP 百分比显著较高，而 SPP 百分

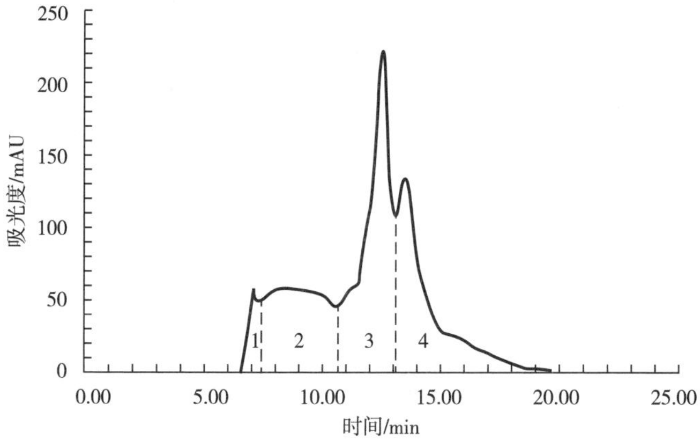

图 6-9 某一面条面团中小麦蛋白的排阻高效液相色谱图

注：色谱图分成 4 个部分：1=LPP；2=SPP；3=LMP；4=SMP。

比显著较低（$P<0.05$）。真空度从 0.06MPa 增加至 0.08MPa，SPP 百分比显著增加，而 SMP 百分比显著降低（$P<0.05$）。这些结果表明，对于济麦 22，0.06MPa 的真空度使面团中的蛋白质发生明显的聚合作用，而过高的真空度（0.08MPa）会导致一些大分子聚合体蛋白发生解聚。而对于宁春 4 号和郑麦 366，0.08MPa 制作的面团中存在更多的蛋白质聚合体。整体来看，适宜真空度和面会增加面团中蛋白质的聚合程度，这与 Li 等（2014）的研究结果一致。本章研究还发现，面团强度和筋力较弱的济麦 22 小麦粉，其面团中的蛋白质组分受真空度变化的影响更明显。

表 6-6 真空和面对面条面团中蛋白质组分的影响

小麦粉	真空度 /MPa	蛋白质组分 /%（总蛋白质）			
		LPP	SPP	LMP	SMP
济麦 22	0	3.19 ± 0.16^{a}	25.63 ± 0.47^{b}	37.25 ± 0.68^{b}	33.88 ± 0.97^{a}
	0.06	3.35 ± 0.27^{a}	26.62 ± 0.56^{a}	38.24 ± 0.26^{a}	31.79 ± 0.75^{b}
	0.08	3.17 ± 0.20^{a}	26.14 ± 0.49^{ab}	38.11 ± 0.32^{a}	33.34 ± 1.45^{ab}
宁春 4 号	0	2.60 ± 0.29^{b}	22.25 ± 0.48^{b}	40.61 ± 0.36^{a}	35.04 ± 0.54^{a}
	0.06	3.57 ± 0.73^{ab}	22.68 ± 0.64^{ab}	39.24 ± 0.88^{b}	34.51 ± 0.41^{ab}
	0.08	3.92 ± 0.46^{a}	23.16 ± 0.26^{a}	40.33 ± 1.21^{ab}	32.59 ± 1.51^{b}
郑麦 366	0	3.25 ± 0.39^{b}	26.10 ± 0.20^{a}	38.32 ± 0.78^{a}	32.48 ± 0.56^{ab}
	0.06	4.19 ± 0.54^{a}	25.30 ± 0.51^{b}	37.71 ± 0.74^{a}	32.80 ± 0.43^{a}
	0.08	3.99 ± 0.07^{a}	26.39 ± 0.22^{a}	38.18 ± 0.39^{a}	31.95 ± 0.41^{b}

六、蛋白质亚基

在 SDS-PAGE 电泳分析试验中，未检测到大分子质量蛋白质聚合体，这是由于蛋白提取液中含有还原剂 β- 巯基乙醇。图 6-10（见本书彩插）为不同真空度条件下制作的面条面团中蛋白质的 SDS-PAGE 电泳图。参照 An 等（2006）和 Hou 等（2013）的方法，根据分子质量大小，将蛋白亚基分为三部分，包括高分子质量谷蛋白亚基（>84ku）、低分子质量谷蛋白亚基和醇溶蛋白（84~29ku）、清蛋白和球蛋白（<29ku）。在还原条件下，3 种真空度下制作的面团中的蛋白质电泳条带之间差异不明显，表明真空和面对面条面团中的蛋白质亚基组成无显著影响。这一结果与 SE-HPLC 分析结果（表 6-6）的差异，证实了蛋白质的聚合主要是通过二硫键的作用。

七、蛋白质二级结构

在面条面团的蛋白质二级结构中，β- 转角所占百分比最高，其次为 β- 折叠、无规则卷曲和 α- 螺旋（表 6-7）。这与 Bock 和 Damodaran（2013a）的研究结果一致，其研究表明，在含水率 35% 的模型面团中，二级结构中大约 55% 为 β- 转角，4 种二级结构的百分比排序为：β- 转角 > β- 折叠 > 无规则卷曲 > α- 螺旋。如表 6-7 所示，真空和面对蛋白质二级结构组成有显著影响。对于济麦 22，与非真空和面相比，0.06MPa 制作的面团蛋白质中，β- 转角百分比显著较高，而 β- 折叠和无规则卷曲百分比显著较低（$P<0.05$）。然而，过高的真空度（0.08MPa）会导致 β- 折叠和无规则卷曲的增加和 β- 转角的降低。对于宁春 4 号，0.06MPa 制作的面团中的 α- 螺旋百分比显著高于 0MPa 和 0.08MPa，而 β- 转角百分比显著较低（$P<0.05$）。在郑麦 366 面团中，真空度从 0MPa 增加到 0.06MPa，α- 螺旋结构显著增加而 β- 转角结构减少（$P<0.05$）；当真空度为 0.08MPa 时，面团中 α- 螺旋百分比显著高于非真空，β- 转角百分比显著高于 0.06MPa（$P<0.05$），而 β-折叠百分比则较低。对于济麦 22，0.06MPa 的真空和面使 β- 折叠减少而 β- 转角增多。Bock 等（2013a，b）的研究结果可以较好的解释这一现象，其认为，在面筋不完全水合的面团中，二级结构以 β- 折叠为主，任何会使面筋进一步水合的处理都会导致 β- 折叠的减少和 β- 转角的增多。Jazaeri 等（2015）进一步指出，面团的面筋强度越弱，越容易发生结构崩塌，导致二级机构以 β- 折叠为主；这主要是由疏水作用导致的。基于上述这些理论，可以推断真空度为 0.06MPa，会促进面筋蛋白的水

合作用。这与 LF-NMR（表 5-3）和 DSC（表 5-5）的分析结果一致。然而，蛋白质特性不同的小麦粉，其二级结构受真空度的影响也存在差异。与济麦 22 不同，对于宁春 4 号和郑麦 366，0.06MPa 会导致 α- 螺旋的增多和 β- 转角的减少。这与 Li 等（2014）对生鲜面条中蛋白二级结构的研究结果类似，其认为 α- 螺旋的增加可以使整个结构变得更为有序。本章还显示，0.08MPa 制作的郑麦 366 面团中，α- 螺旋和 β- 转角的百分比较高，而 β- 折叠的百分比较低。这一现象表明，对于蛋白质和湿面筋含量较高、面筋筋力较强的小麦粉，较高的真空度会使面筋蛋白的水合更加充分，蛋白质二级结构更为有序。

表 6-7　真空和面对面条面团中蛋白质二级结构的影响

小麦粉	真空度 /MPa	二级结构 /%			
		α- 螺旋	β- 折叠	β- 转角	无规则卷曲
济麦 22	0	11.25 ± 2.20[a]	35.88 ± 1.56[a]	39.15 ± 0.19[b]	14.04 ± 0.37[a]
	0.06	11.39 ± 1.44[a]	33.12 ± 0.51[b]	43.53 ± 0.87[a]	11.96 ± 0.41[b]
	0.08	10.27 ± 0.80[a]	35.32 ± 2.22[ab]	41.36 ± 1.99[ab]	13.05 ± 0.49[a]
宁春 4 号	0	9.03 ± 1.51[b]	35.82 ± 1.00[a]	40.54 ± 1.64[a]	14.61 ± 3.29[a]
	0.06	18.51 ± 1.47[a]	34.38 ± 0.51[a]	34.69 ± 1.74[b]	14.07 ± 1.03[a]
	0.08	9.65 ± 1.28[b]	35.87 ± 2.07[a]	42.24 ± 2.25[a]	12.24 ± 1.18[a]
郑麦 366	0	6.89 ± 0.13[b]	36.46 ± 0.16[a]	43.34 ± 0.06[a]	13.31 ± 0.09[a]
	0.06	10.13 ± 0.77[a]	36.54 ± 1.33[ab]	40.40 ± 0.87[b]	12.93 ± 0.85[a]
	0.08	9.75 ± 0.40[a]	34.00 ± 0.54[b]	43.44 ± 0.72[a]	12.81 ± 0.59[a]

八、游离巯基（—SH）含量

和面过程中，小麦粉中的面筋蛋白与水发生相互作用，游离巯基相互结合形成二硫键，或是游离巯基与二硫键发生交换反应，线性谷蛋白分子相互缠结，形成无序的网状结构，醇溶蛋白填充其中（傅宾孝，1991；Johansson 等，2013）。面团中游离巯基含量可用于表征面筋形成程度（Li 等，2014；Jazaeri 等，2015）。如图 6-11 所示，强筋小麦郑麦 366 制作的面团，其蛋白质中—SH 含量明显低于其他两种小麦粉；这与 Li 等（2014）和 Jazaeri 等（2015）的试验结果一致。图 6-11 显示，真空和面对面团中—SH 含量有显著影响。对于济麦 22 和宁春 4 号，真空度为 0.06MPa 时，面团—SH 含量低于 0MPa 和 0.08MPa。对于郑麦 366，0.06MPa

和非真空处理之间无显著性差异，而 0.08MPa 面团的—SH 含量显著低于非真空。结果表明，适当程度的真空和面使更多的游离巯基参与了面筋蛋白的交联作用。真空度的影响程度在不同小麦粉间表现不同，主要是受蛋白质含量和质量的影响。郑麦 366 的蛋白质含量高、筋力强，与非真空和面相比，真空 0.06MPa 和面后，面团中的—SH 含量有所下降，但不显著，而在更高的真空度（0.08MPa）下表现出显著性差异。济麦 22 筋力弱，0.06MPa 真空和面后—SH 含量显著较低，过高真空度（0.08MPa）会导致游离巯基显著增加。这表明真空度对面筋质量较弱的小麦粉的影响大于筋力较强的小麦粉。Graveland 等（1985）指出 GMP 主要是通过二硫键交联而成。不同真空度下游离巯基含量的变化可用于解释图 6-7 中 GMP 含量的变化结果。过高真空度可能会使 GMP 中较弱的二硫键断裂，导致—SH 的增多和 GMP 的减少。

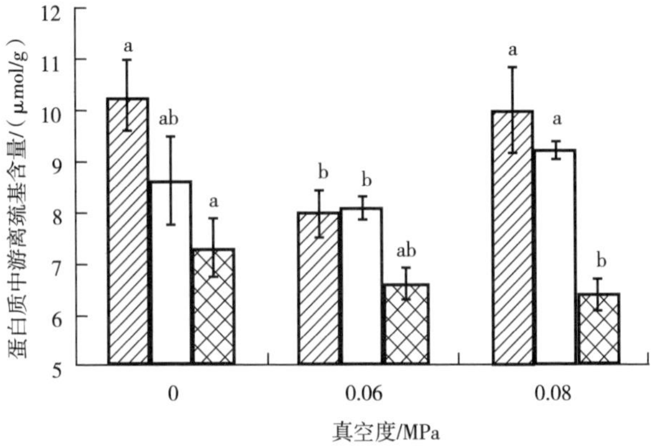

图 6-11　真空和面对面团蛋白质中游离巯基含量的影响

▨ 济麦22　□ 宁春4号　▩ 郑麦366

注：字母不同表示同一品种小麦粉之间存在显著性差异（$P<0.05$）。

第四节　小结

（1）与非真空和面相比，适宜真空度和面可以增强面团的质地，提高其黏性、弹性和咀嚼性等。在不同小麦粉之间，最佳真空度存在差异；对于中弱筋小麦宁春 4 号和济麦 22，真空度 0.06MPa 时，质地改善效果明显，而过高的真空度会弱化面团的质地；对于强筋小麦郑麦 366，真空度 0.08MPa 更为有效。

（2）与非真空和面相比，0.06MPa 和面制作的面团内部结构更加致密，面筋网络更为连续、均匀，大、小淀粉粒被紧紧黏附或包裹其中。过高的真空度会导致弱筋小麦面团的面筋扩展过度。红外显微图像表明，与非真空和面相比，真空度为0.06MPa 时，3 种小麦粉面团的表层蛋白质分布更加均匀一致；过高的真空度会导致面团表层包裹的面筋质减少，蛋白质分布均匀性降低。

（3）适宜的真空度可以提高面团中的蛋白质聚合度。蛋白质特性不同的小麦粉，其蛋白质组成和分子质量分布受真空度的影响存在差异。济麦 22 面团在0.06MPa 时大分子质量聚合体蛋白较多，GMP 含量较高、粒度分布较大，—SH 含量较低；而郑麦 366 在 0.08MPa 时蛋白质聚合度更高。真空和面对蛋白质亚基无显著影响。0.06MPa 的真空和面使济麦 22 面团中 β– 转角增多和 β– 折叠减少，而导致宁春 4 号和郑麦 366 面团中的 α– 螺旋增多而 β– 转角减少。

（4）与蛋白质和湿面筋含量较高、面筋筋力较强的郑麦 366 相比，弱筋小麦济麦 22 制作的面团的质构特性、微观结构、蛋白质聚合度和分子质量分布及游离巯基受真空度变化的影响更明显。

第七章

和面过程中面团理化结构的变化

第一节　概述

和面是面条加工的关键环节，和面效果对后续加工和最终产品质量有重要影响。和面时间是影响和面效果的重要因素。和面时间不足，小麦粉吸水不均匀，面筋形成不充分；而和面时间较长，会使面筋扩展过度，成熟的面筋网络受到破坏，同时面团升温引起蛋白质变性（陆启玉，2007）。因此，研究和面过程中面团结构特性的变化，对理解和面过程中的物理化学变化、确定最佳和面时间、改善和面效果有重要意义。与传统的含水率50%~60%的面团不同，工业化面条面团是一种含水率仅为35%左右的松散絮状物，所含面筋是不连续的，只有在复合压延后，面筋碎片才形成连续的网络结构。关于低水分面条面团在调制过程中的结构特性变化，尚未见报道。

真空和面是一种新型和面方式，其搅拌过程在真空状态下进行，水分可充分渗透至小麦粉颗粒内部，促进蛋白质、淀粉吸水的充足性和均匀性，保证面筋网络在和面及压延过程中充分形成（陆启玉，2007；Fu，2008；Hou 等，2010）。Li 等（2012）和骆丽君等（2012）研究表明，真空和面可以显著提高面条质量，改善生鲜面条的色泽，使其具有更加紧密连续的面筋网络，降低其烹调损失，提高煮后面条的硬度和拉伸强度。刘锐等（2015a）研究表明，适宜程度的真空和面可以显著改善生鲜面条和冷藏面条的感官质量和烹调特性。然而，关于真空和面过程中面团结构特性的变化也尚未见报道。

为明确真空和面过程中的低水分面条面团理化结构的变化，本章以3个质量类型小麦品种磨制的面粉为材料，采用真空和面制作面团（含水率35%），设定不同的和面时间，测定面团的质构特性，采用红外显微镜和扫描电镜分析其微观结构，并采用体积排阻高效液相色谱、激光衍射粒度分析仪、SDS-PAGE 凝胶电泳、傅立叶变换红外光谱等分析蛋白质的组分、分子质量分布、亚基和二级结构。

第二节 材料与方法

一、试验材料

试验选用的 3 个小麦品种为郑麦 366、宁春 4 号、济麦 22，其小麦粉品质特性见第六章第二节“试验材料”部分。

二、仪器与设备

DA 7200 型近红外分析仪（瑞典 Perten 公司）；粉质仪（德国 Brabender 公司）；拉伸仪（德国 Brabender 公司）；MVAG803202 型微量快速黏度仪（德国 Brabender 公司）；真空和面机（河南东方面机集团有限公司）；JMTD-168/140 试验面条机（北京东方孚德技术发展中心）；TA-XT2i 型质构仪（英国 Stable Micro System 公司）；IB-5 离子镀膜仪（日本 Hitachi 公司）；S-570 扫描电子显微镜（日本 Hitachi 公司）；LUMOS 独立式红外显微镜（德国 Bruker 公司）；ALPHA 1-2LD PLUS 真空冷冻干燥机（德国 CHRIST 公司）；ZM200 超离心粉碎机（德国 Retsch 公司）；Comfort™ 恒温混匀仪（德国 Eppendorf 公司）；3-30K 高速台式冷冻离心机（德国 SIGMA 公司）；S3500 Bluewave 型激光粒度分析仪（美国 Microtrac 公司）；Kjeltec TM 2300 凯式定氮仪（丹麦 Foss 公司）；Ymnl-150Y 超声波细胞破碎仪（南京以马内利仪器设备有限公司）；1200 高效液相色谱仪（美国 Agilent 公司）；TSK-gel G4000 SWxl 排阻色谱柱（日本 TOSOH 公司）；PROTEAN Ⅱ xi Cell 垂直电泳仪（美国 Bio-Rad 公司）；Tensor 27 傅立叶变换红外光谱仪（德国 Bruker 公司）。

三、试验设计

准确称量 2000g 小麦粉于真空和面机中，加入适量蒸馏水，控制面团最终含水量为 35%，启动和面机；先低速（85r/min）搅拌 1min，然后高速（125r/min）搅拌 3min，再低速（85r/min）搅拌；真空泵在低速搅拌 1min 后启动，真空度设置为 0.06MPa。

低速和面时间分别设置为 0、4、8min，即真空和面总时间为 4、8、12min。

每种小麦粉在 3 种和面时间下各重复和面 2 次，和面试验共 18 次。

将调制后的絮状面团取出，一部分在试验面条机上逐步压延成厚 1.5 mm 的面片，用于 TPA、SEM 和 FTIR-M 分析；压延工序见第六章第二节“试验方法”中“样品预处理”。另一部分面团和部分压制后的面片于液氮中快速冷冻，然后真空冷冻干燥 24 h；采用 Retsch ZM200 超离心粉碎机粉碎，选用 0.50mm 筛圈，转速 10000r/min。

四、试验方法

（一）质构分析（TPA）试验

具体操作和分析方法见第六章第二节中“试验方法”部分。

（二）扫描电镜观察

具体操作和分析方法见第六章第二节中“试验方法”部分。

（三）红外显微成像分析

具体操作和分析方法见第六章第二节中“试验方法”部分。

（四）GMP 含量及粒度分布分析

具体操作和分析方法见第六章第二节中“试验方法”部分。

（五）体积排阻高效液相色谱（SE-HPLC）

具体操作和分析方法见第六章第二节中“试验方法”部分。

（六）十二烷基硫酸钠聚丙烯酰胺凝胶电泳（SDS-PAGE）

具体操作和分析方法见第六章第二节中“试验方法”部分。

（七）蛋白质二级结构分析

具体操作和分析方法见第六章第二节中“试验方法”部分。

（八）游离巯基（—SH）测定

具体操作和分析方法见第六章第二节中“试验方法”部分。

五、数据统计与分析

采用 Excel 2007 进行数据整理和图表绘制，所有数据采用平均值 ± 标准差表示。采用 SPSS 16.0 中的 One-Way ANOVA 程序进行方差分析，LSD 法进行多重比较，显著水平为 0.05。

第三节 结果与分析

一、质构特性

和面时间对面团质构特性的影响如表 7-1 所示。就 3 种小麦粉整体来看，和面时间为 8min 时，复合后面团表现出最高的硬度、黏着性、弹性、黏聚性、胶着性、咀嚼性和回复性。和面时间对面团质构特性的影响在不同小麦粉间存在明显差异。对于济麦 22，和面时间从 4min 延长至 8min，面团的硬度、黏着性、弹性、胶着性、咀嚼性和回复性均显著提高（$P<0.05$）；延长和面时间至 12min，黏着性和胶着性又显著降低（$P<0.05$）。对于宁春 4 号，和面时间从 4min 延长至 8min，胶着性显著提高（$P<0.05$），而其他性状无显著变化；延长和面时间至 12min，弹性、黏着性、黏聚性、胶着性和咀嚼性则显著下降（$P<0.05$）。对于郑麦 366，和面时间从 4min 延长至 8min，面团黏着性显著提高（$P<0.05$）；时间延长至 12min，黏着性进一步增加（$P<0.05$），而黏聚性、胶着性和回复性则显著降低（$P<0.05$）。济麦 22 面团在 8min 和 12min 时，其各质构参数数值均大于 4min 时，这是由于济麦 22 的蛋白质含量较低、筋力较弱、面团强度小，需要较长的和面时间以保证面筋结构的充分形成。而郑麦 366 在较短的和面时间（4min）时即可达到较好的面团质地，这是由于其蛋白质和湿面筋含量高、面筋筋力强，和面时蛋白质水合较快，容易结成大块面絮，因此和面时间不宜过长（Fu，2008）。结果还表明，和面时间对郑麦 366 面团质构特性的影响小于济麦 22，这是由于郑麦 366 高筋、强筋，因此其制作的面条面团耐揉混。

表 7–1　　和面时间对面团 TPA 质构特性的影响

小麦粉	和面时间 /min	硬度 /g	黏着性 /（–g · s）	弹性
济麦 22	4	31485 ± 1591^{b}	1555 ± 608^{b}	0.84 ± 0.07^{b}
	8	32816 ± 417^{a}	2643 ± 958^{a}	0.93 ± 0.06^{a}
	12	32305 ± 508^{ab}	1418 ± 446^{b}	0.92 ± 0.06^{a}
宁春 4 号	4	30167 ± 400^{a}	2463 ± 710^{a}	0.97 ± 0.02^{a}
	8	30409 ± 383^{a}	2987 ± 726^{a}	0.96 ± 0.04^{a}
	12	30180 ± 450^{a}	1807 ± 606^{b}	0.92 ± 0.04^{b}
郑麦 366	4	31881 ± 742^{a}	2684 ± 777^{c}	0.92 ± 0.06^{a}
	8	31687 ± 715^{a}	3389 ± 694^{b}	0.92 ± 0.05^{a}
	12	31948 ± 369^{a}	4198 ± 1005^{a}	0.94 ± 0.04^{a}
小麦粉	黏聚性	胶着性	咀嚼性	回复性
济麦 22	0.49 ± 0.01^{a}	15354 ± 728^{c}	12972 ± 1389^{b}	0.68 ± 0.03^{b}
	0.49 ± 0.01^{a}	16230 ± 367^{a}	15162 ± 1110^{a}	0.70 ± 0.01^{a}
	0.49 ± 0.01^{a}	15775 ± 341^{b}	14573 ± 1078^{a}	0.70 ± 0.02^{a}
宁春 4 号	0.45 ± 0.01^{a}	13595 ± 266^{b}	13086 ± 680^{a}	0.67 ± 0.01^{a}
	0.46 ± 0.01^{a}	13896 ± 276^{a}	13220 ± 605^{a}	0.68 ± 0.02^{a}
	0.44 ± 0.01^{b}	13391 ± 314^{b}	12056 ± 601^{b}	0.66 ± 0.02^{a}
郑麦 366	0.45 ± 0.01^{a}	14271 ± 538^{a}	12778 ± 1008^{a}	0.60 ± 0.02^{a}
	0.44 ± 0.01^{a}	14006 ± 391^{ab}	13226 ± 818^{a}	0.59 ± 0.01^{a}
	0.43 ± 0.01^{b}	13728 ± 309^{b}	12853 ± 727^{a}	0.58 ± 0.01^{b}

注：字母不同表示同一列数据之间存在显著性差异（$P<0.05$）。

二、电镜扫描观察

不同和面时间制作的面团的截面扫描电镜图如图 7–1、图 7–2、图 7–3 所示，其中（1）、（3）、（5）为放大 300 倍，（2）、（4）、（6）为放大 1000 倍。对于 3 种小麦粉，和面时间为 8min 时，制作的面团表现出更加致密、均匀的内部结构，不规则孔洞和沟壑较少，大、小淀粉粒被紧紧黏附或包裹在膜状面筋中。这正是面团在 8min 时质构特性改善的微观表现。和面时间对济麦 22 面团的微观结构影响较为明显（图 7–1）。和面时间为 4min 时，面筋网络松散多孔，大淀粉颗粒脱落的痕迹明显可见，这很可能是因为面筋形成不充分，无法将淀粉颗粒牢牢包裹或黏附。和面时间过长（12min）时，包裹着淀粉粒的面筋网络明显呈簇状分布，团簇之间连接着纤维状的面筋。这是由于颗粒状面团之间长时间的碰撞和摩擦，导致其表面变得光润，黏弹性降低，因此在复合压延时，难以黏结形成连贯、均匀一致的内部结构；然而，长时间的碰撞、摩擦使每个面团颗粒的内部面筋结构形成较充分。对于宁春 4 号，4min 面团的面筋网络基本连续，较为粗糙，可见部分裂痕[图 7-2（1）、（2）]。和面时间为 12min 时，微观结构较不均匀；部分区域结构较为紧密，部分区域结构疏松，可见纤维状面筋[图 7-2（5）、（6）]。整体来说，

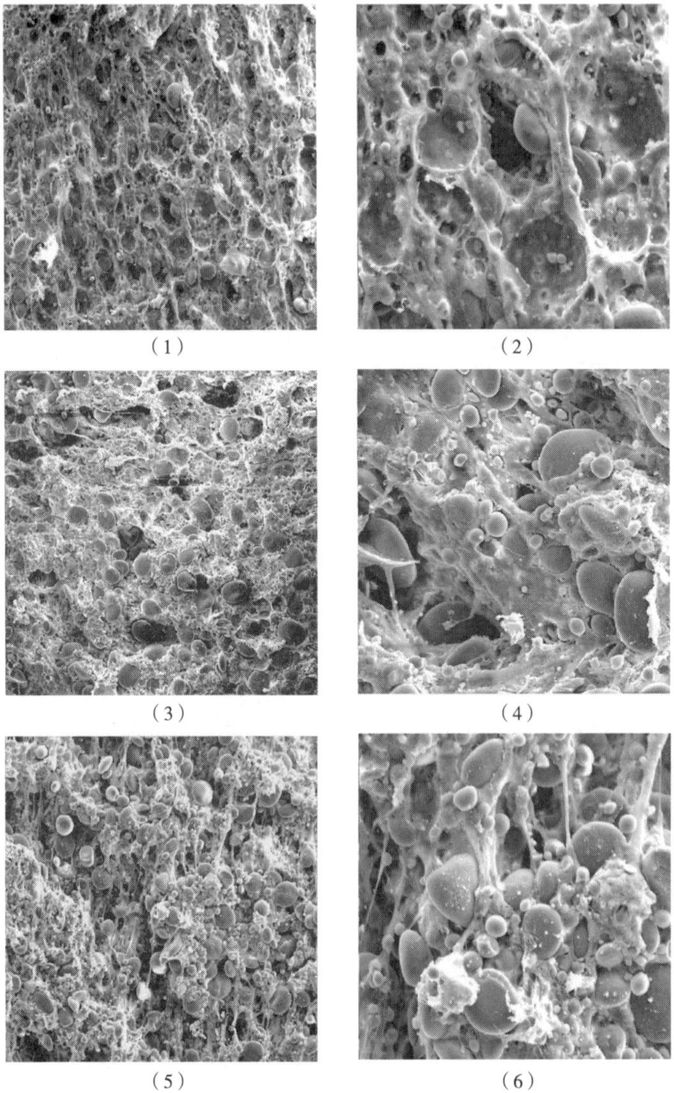

图 7-1　不同和面时间制作的济麦 22 面团截面的扫描电镜图

注：4min［（1）：×300，（2）：×1000］，8min［（3）：×300，（4）：×1000］，12min［（5）：×300，（6）：×1000］。

宁春4号面团受和面时间的影响比济麦22小。对于郑麦366，和面时间为4min时，面团即表现出连续、紧密的微观结构，淀粉粒基本全部被面筋质包裹。与4min时相比，8min的面团微观结构相对更致密，孔隙更少，二者间的差异并不是很明显。而过度的和面（12min）导致结构的均匀性降低，面筋延展过度，出现纤维状或拔丝状的面筋质。

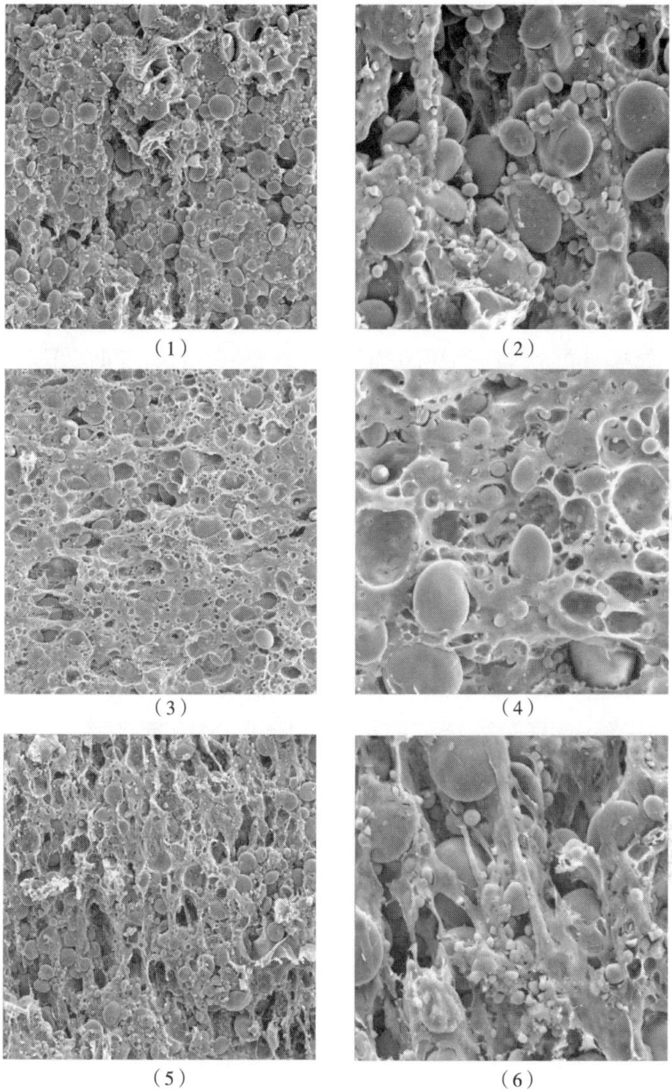

图7-2　不同和面时间制作的宁春4号面团截面的扫描电镜图

注：4min［（1）：×300，（2）：×1000］，8min［（3）：×300，（4）：×1000］，12min［（5）：×300，（6）：×1000］。

三、红外显微成像分析

采用 ATR 模式，对不同真空度下制作的面团表面进行红外显微成像分析。图 7-4（见本书彩插）为面团表层蛋白质数量的空间分布图，以 2D 伪彩图表示。图像上的颜色是根据图像中每个像素点的蛋白质特征吸收峰的积分面积确定的伪色。

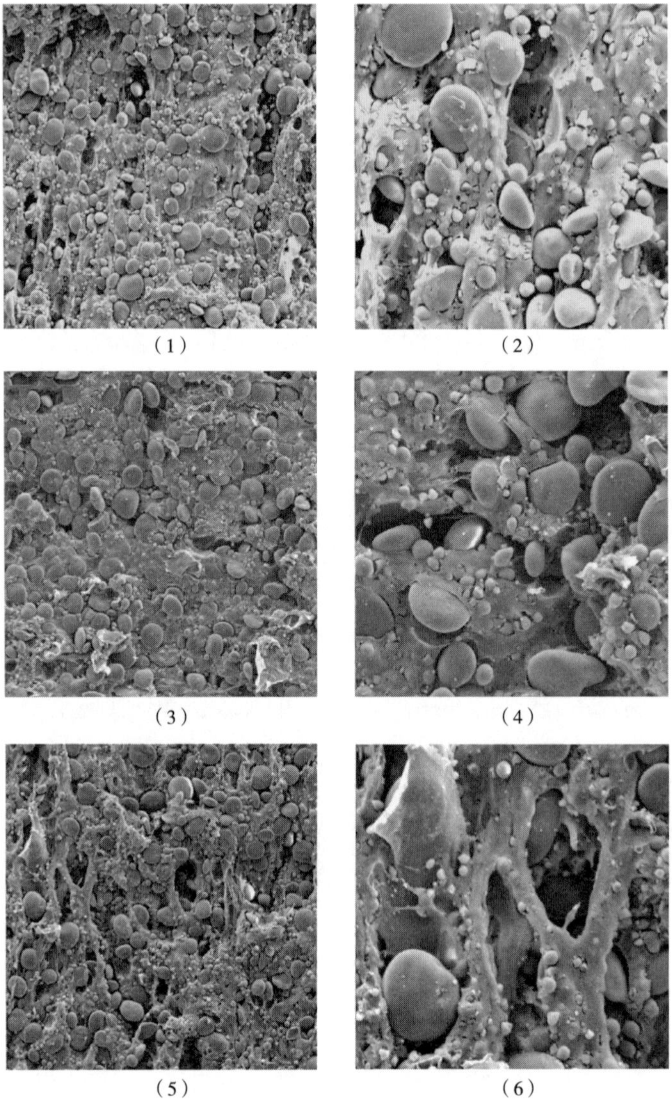

图 7-3　不同和面时间制作的郑麦 366 面团截面的扫描电镜图

注：4min［（1）：×300，（2）：×1000］，8min［（3）：×300，（4）：×1000］，12min［（5）：×300，（6）：×1000］。

吸收强度越大的像素点，在红外显微图像上表现出来的颜色偏红或粉亮，代表蛋白质数量较多；吸收强度越小的像素点，在红外显微图像上表现出来的颜色偏蓝，代表蛋白质数量较少。从图 7-4 中可以看出，就 3 种小麦粉整体而言，和面时间不足（4min）会导致蛋白质的空间分布不均匀，不同区域间的含量差异较大。和面时间延长至 8min，面团表层蛋白质分布变得均匀一致，表明面筋扩展更均匀、适宜。然而，和面时间过长（12min）会导致济麦 22 面团表层包裹的面筋质减少，宁春 4 号和郑麦 366 面团表层的蛋白质局部聚集、分布均匀性降低。

四、谷蛋白大聚体（GMP）含量及粒度分布

GMP 是小麦籽粒中最重要的蛋白质聚合体，其含量和粒度分布与面团特性和面制食品加工品质密切相关（Gupta 等，1993；Sapirstein 等，1998；Don 等，2003a，2003b，2005；刘锐等，2014b）。

（一）GMP 含量

图 7-5 为真空和面过程中 GMP 含量的变化。强筋小麦郑麦 366 制作的小麦粉、面团、面片，其 GMP 含量均明显高于其他两种小麦粉，这与第六章第三节中"GMP 含量"的结果一致。对于 3 种小麦粉，在和面的初始阶段（0~4min），GMP 含量均显著下降（$P<0.05$），这一现象与 Skerrit 等（1999）和 Don 等（2003b）的研究结果一致。Skerrit 等（1999）认为，GMP 含量的降低是由于和面时谷蛋白聚合体发生了化学降解。而 Don 等（2003b）则认为和面时的物理机械作用是 GMP 解聚的主要原因。从图 7-5 可以看出，和面时间从 4min 延长至 8min，GMP 含量无显著变化。进一步延长和面时间至 12min，GMP 含量又显著下降（$P<0.05$），表明过度搅拌会导致 GMP 的进一步解聚。这可能是由于在过度搅拌的面团中，所提取的 GMP 的平均分子质量降低（Skerritt 等，1999）。这与 Kuktaite 等（2004）的研究结果一致，其研究发现，面筋质中的大分子不溶性谷蛋白聚合体（large UPP）和总的不溶性谷蛋白聚合体（total UPP）从最低搅拌时间到最佳搅拌时间无显著变化，而在过度搅拌之后会显著下降。

（二）GMP 粒度分布

采用激光衍射法分析小麦粉、面团、面片中提取的 GMP 的粒度分布。3 种小麦粉中的 GMP 粒度分布如图 7-6 所示。以体积百分比表示 GMP 粒度分布，呈

三峰曲线，粒径从 1~148 μm。第 1 个峰值出现在 5 μm 左右，第 2 个峰值出现在 26~31 μm，第 3 个峰值出现在 80~88 μm。

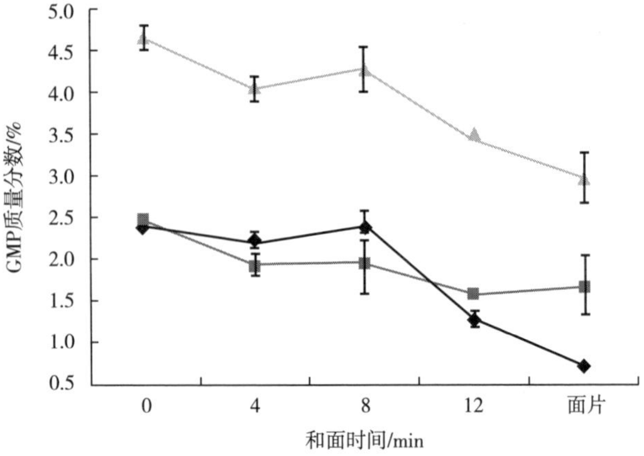

图 7-5 真空和面过程中面团 GMP 含量的变化

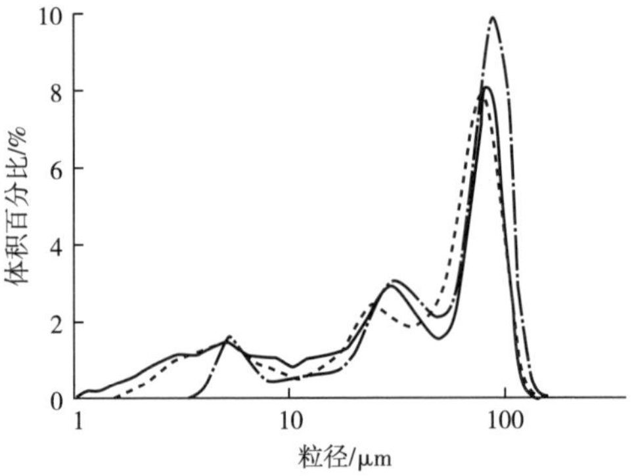

图 7-6 3 种小麦粉中 GMP 粒度分布

GMP 粒度分布在和面过程中有显著变化（表 7-2）。对于济麦 22，从小麦粉到 4min 面团，大粒径（d>100 μm）GMP 的体积百分比略有降低；和面时间从 4min 延长至 8min，大粒径 GMP 体积百分比显著增高（P<0.05）；延长和面时间至 12min，并进一步复合成面片，这一过程中，大粒径 GMP 和中粒径（10 μm ≤ d ≤ 100 μm）GMP 的体积百分比持续降低，而小粒径（d<10 μm）GMP 显著增高（P<0.05）。对于宁春 4 号，从小麦粉到 4min 面团，中粒径 GMP 体积百分比显著降低，而小粒

径 GMP 则显著增多（$P<0.05$）；和面时间从 4min 延长至 8min，中粒径 GMP 的体积百分比相对增加；过度和面（12min）会导致中粒径 GMP 体积百分比显著降低（$P<0.05$），而小粒径 GMP 则相对增多。面团复合压延成面片后，GMP 粒度分布无显著变化。对于郑麦 366，从小麦粉到 4min 面团，中粒径 GMP 体积百分比显著降低，小粒径 GMP 显著增多（$P<0.05$）；和面时间为 12min 时，中粒径 GMP 体积百分比相对较低。面团进一步复合成面片后，大粒径 GMP 体积百分比降低，显著低于 4min 面团，而中粒径 GMP 相对增多。

表 7-2　　真空和面过程中 GMP 粒度分布的变化

小麦粉	和面时间 /min	体积百分比 /%		
		$d<10\mu m$	$10\mu m \leqslant d \leqslant 100\mu m$	$d>100\mu m$
济麦 22	0	20.40 ± 1.56^{c}	75.50 ± 0.35^{a}	4.10 ± 1.22^{ab}
	4	33.11 ± 4.88^{c}	64.86 ± 5.44^{a}	2.04 ± 1.25^{b}
	8	26.82 ± 3.44^{c}	64.10 ± 2.37^{a}	9.09 ± 1.07^{a}
	12	49.46 ± 11.56^{b}	44.38 ± 7.62^{b}	6.16 ± 7.70^{ab}
	面片	87.70 ± 14.65^{a}	11.10 ± 11.53^{c}	2.21 ± 3.12^{b}
宁春 4 号	0	19.87 ± 5.33^{b}	76.64 ± 6.89^{a}	3.49 ± 1.56^{a}
	4	43.00 ± 9.83^{a}	38.13 ± 18.77^{bc}	18.86 ± 14.93^{a}
	8	32.14 ± 3.71^{ab}	53.52 ± 3.63^{ab}	14.35 ± 0.08^{a}
	12	57.97 ± 25.07^{a}	18.13 ± 8.73^{c}	23.91 ± 33.81^{a}
	面片	61.39 ± 13.07^{a}	28.87 ± 10.10^{bc}	9.75 ± 2.98^{a}
郑麦 366	0	9.52 ± 3.27^{b}	79.01 ± 16.47^{a}	11.47 ± 8.48^{ab}
	4	54.92 ± 16.19^{a}	33.67 ± 15.83^{bc}	11.42 ± 0.36^{a}
	8	40.88 ± 18.18^{a}	43.52 ± 6.10^{bc}	15.61 ± 12.08^{ab}
	12	56.29 ± 3.39^{a}	29.75 ± 2.92^{c}	13.97 ± 6.31^{ab}
	面片	50.85 ± 8.66^{a}	44.79 ± 7.02^{bc}	2.67 ± 3.82^{b}

就 3 种小麦粉整体来看，从小麦粉到和面 4min，GMP 粒度分布减小，宁春 4 号和郑麦 366 的变化较为显著；和面时间从 4min 延长至 8min，面团中的 GMP 粒度增大，济麦 22 的变化达到显著水平；进一步延长和面时间至 12min，GMP 粒径分布变小，以济麦 22 的变化最为显著；济麦 22 面团复合形成面片后，GMP 粒度分布显著降低，郑麦 366 相对降低，而宁春 4 号的变化不显著。从结果可以看出，与宁春 4 号和郑麦 366 相比，济麦 22 的 GMP 粒度分布在和面过程中的变化更为明显。

五、蛋白质分子质量分布

参照第六章第三节中“蛋白质分子质量分布”的结果和图 6-9，将面条面团样品中的蛋白质分成 4 个组分，分别为 LPP、SPP、LMP（主要为醇溶蛋白）和 SMP（主要为清蛋白和球蛋白）。

如表 7-3 所示，真空和面过程中蛋白质组分发生了显著变化。对于济麦 22，从小麦粉到 4min 面团，SPP 百分比显著降低，SMP 百分比显著增加（$P<0.05$）；和面时间从 4min 延长至 8min，SPP 和 LMP 百分比显著增高，而 SMP 百分比则显著降低（$P<0.05$）；延长和面时间至 12min，SPP 和 LMP 百分比显著降低，而 SMP 百分比显著增高（$P<0.05$）；复合压延成面片后，LMP 显著增多，而 SMP 显著减少（$P<0.05$）。对于宁春 4 号，从小麦粉到 4min 面团，LPP 百分比相对增加，其他组分无显著变化；和面时间从 4min 延长至 8min，蛋白质组分无显著变化；和面时间为 12min 时，面团蛋白质中 LMP 显著增多，SMP 显著减少（$P<0.05$）；面团压制后，SMP 百分比显著增加（$P<0.05$），LPP 和 SPP 百分比相对降低。对于郑麦 366，从小麦粉到 4min 面团，SPP 百分比显著降低（$P<0.05$），而 LMP 和 SMP 百分比略有增加；和面时间从 4min 延长至 8min，LPP 百分比显著增高，而 SPP 百分比则显著降低（$P<0.05$）；和面时间过长（12min）则会导致面团中 LPP 显著减少，而 SPP 显著增多（$P<0.05$）；面团进一步复合成面片后，LMP 显著增多，而 SMP 显著减少（$P<0.05$）。

表 7-3 真空和面过程中蛋白质组分的变化

小麦粉	和面时间 /min	蛋白质组分 /%（总蛋白质）			
		LPP	SPP	LMP	SMP
济麦 22	0	2.99 ± 0.09^{ab}	26.85 ± 0.18^{a}	37.55 ± 0.40^{bc}	32.62 ± 0.49^{b}
	4	2.95 ± 0.21^{b}	25.56 ± 0.44^{b}	37.08 ± 0.19^{c}	34.04 ± 0.38^{a}
	8	3.35 ± 0.27^{ab}	26.62 ± 0.56^{a}	38.24 ± 0.26^{ab}	31.79 ± 0.75^{b}
	12	3.42 ± 0.37^{a}	25.36 ± 0.47^{b}	37.12 ± 0.63^{c}	34.10 ± 0.56^{a}
	面片	3.35 ± 0.14^{ab}	25.33 ± 0.67^{b}	38.52 ± 0.32^{a}	32.67 ± 0.44^{b}
宁春 4 号	0	2.97 ± 0.11^{ab}	22.44 ± 0.07^{ab}	40.15 ± 0.14^{ab}	34.44 ± 0.04^{ab}
	4	3.92 ± 0.43^{a}	23.09 ± 0.20^{a}	40.20 ± 2.07^{ab}	32.78 ± 1.83^{ab}
	8	3.57 ± 0.73^{ab}	22.68 ± 0.64^{ab}	39.24 ± 0.88^{b}	34.51 ± 0.41^{a}
	12	3.14 ± 0.54^{ab}	22.30 ± 0.77^{ab}	42.02 ± 0.92^{a}	32.54 ± 0.96^{b}
	面片	2.80 ± 0.13^{b}	21.75 ± 0.73^{b}	40.76 ± 0.78^{a}	34.69 ± 1.56^{a}

续表

小麦粉	和面时间 /min	蛋白质组分 /%（总蛋白质）			
		LPP	SPP	LMP	SMP
郑麦 366	0	3.25 ± 0.15[b]	27.41 ± 0.22[a]	37.76 ± 0.18[b]	31.57 ± 0.10[b]
	4	3.09 ± 0.06[b]	26.12 ± 0.51[b]	38.69 ± 1.41[ab]	32.10 ± 1.04[ab]
	8	4.19 ± 0.54[a]	25.30 ± 0.51[c]	37.71 ± 0.74[b]	32.80 ± 0.43[a]
	12	3.00 ± 0.10[b]	26.49 ± 0.38[b]	37.43 ± 0.78[b]	33.08 ± 0.69[a]
	面片	3.64 ± 0.80[ab]	26.06 ± 0.77[bc]	39.80 ± 0.62[a]	30.50 ± 1.16[b]

对于济麦 22 和郑麦 366，小麦粉加水和面 4min，所含的聚合体蛋白比例减少，单体蛋白增多，表明谷蛋白聚合体发生了解聚，蛋白质分子质量分布降低；和面时间从 4min 延长至 8min，面团中的蛋白质聚合度增加，分子质量分布增大；而宁春 4 号在这一过程中变化不显著。和面时间为 12min 时，3 种小麦粉面团的蛋白质聚合度均显著降低，分子质量分布变小。对于济麦 22 和郑麦 366，面团复合形成面片后，SMP 减少，蛋白质聚合度有所增加；对于宁春 4 号，蛋白质聚合度降低。在复合压延过程中，可能同时存在两种相反的变化，一方面，LPP 在机械作用下发生解聚；另一方面，在轧辊的挤压作用下，蛋白质分子间的距离降低，SMP 通过二硫键或是非共价键聚合。蛋白质特性不同的面团在复合过程中，发生的主要变化可能存在差异，从而导致不同结果。这还需要开展进一步的研究去明确其中的规律。

六、蛋白质亚基

在 SDS-PAGE 分析试验中，在还原条件下，未检测到大分子质量蛋白质聚合体，与第六章第三节中“蛋白质亚基”的电泳结果一致。图 7-7（见本书彩插）为小麦粉、面团、面片中蛋白质的 SDS-PAGE 电泳图。参照 An 等（2006）和 Hou 等（2013）的方法，根据分子质量大小，将蛋白质亚基分为 3 部分，包括高分子质量谷蛋白亚基（>84 ku）、低分子质量谷蛋白亚基和醇溶蛋白（84~29ku）、清蛋白和球蛋白（<29ku）。从图 7-7 中可以看出，不同试验处理的蛋白质电泳条带之间无显著性差异，表明蛋白质亚基组成在真空和面过程中无显著变化。

七、蛋白质二级结构

如表 7-4 所示，在 3 种小麦粉的蛋白质二级结构中，β- 折叠所占百分比最高，

其次为 β- 转角或 α- 螺旋；而在面条面团的蛋白质二级结构中，β- 转角所占百分比最高，其次为 β- 折叠、无规则卷曲和 α- 螺旋。这表明小麦粉中的蛋白质水合后，二级结构组成发生改变，β- 折叠和 α- 螺旋减少，而 β- 转角和无规则卷曲增多。Bock 等（2013a，b）研究认为，面筋水合程度增大会导致 β- 折叠的减少和 β- 转角的增多。

和面时间不同的面团，其蛋白质二级结构有显著性差异（表 7-4）。对于济麦 22，和面时间从 4min 增加到 8min，β- 转角百分比显著提高，而 β- 折叠和无规则卷曲百分比显著降低（$P<0.05$）；较长的和面时间（12min）会导致 β- 转角百分比的显著降低和 β- 折叠、无规则卷曲、α- 螺旋百分比的显著增加（$P<0.05$）。对于宁春 4 号，与 4min 和 12min 时的面团相比，8min 面团中的 α- 螺旋百分比显著较高，而 β- 转角百分比显著较低（$P<0.05$）。对于郑麦 366，和面时间从 4min 增加到 8min，β- 转角结构显著增多（$P<0.05$）；从 8min 增加到 12min，α- 螺旋结构显著增加，而 β- 转角显著减少（$P<0.05$）。

整体来看，济麦 22 面团在 8min 时，β- 转角较多而 β- 折叠和无规则卷曲较少。Bock 等（2013a，b）提出的理论认为，面筋水合程度增大会导致 β- 折叠的减少和 β- 转角的增多。Jazaeri 等（2015）认为 β- 折叠少而 β- 转角多时，面团强度较大。据此可以推断，和面时间为 8min 时，面筋蛋白的水合程度最大，结构形成最充分。这与 LF-NMR（表 5-4）和 DSC（表 5-6）的分析结果一致。不同小麦粉的蛋白质特性不同，其二级结构在和面过程中的变化规律也不尽相同。对于宁春 4 号，和面 8min 时，α- 螺旋百分比显著较高。Li 等（2014）认为，α- 螺旋的增加可以使整个蛋白质结构变得更为有序。对于郑麦 366，在和面过程中，初期随着搅拌时间延长，β- 转角结构显著增多，表明面筋蛋白水合变得更充分；继续搅拌，β- 转角减少而 α- 螺旋结构显著增多，表明较长时间的和面使结构变得更加有序。关于低水分面团中 α- 螺旋和 β- 转角结构间的转化对面筋和面团特性的影响还需要进一步的研究。

表 7-4 真空和面过程中蛋白质二级结构的变化

小麦粉	和面时间 /min	二级结构 /%			
		α- 螺旋	β- 折叠	β- 转角	无规则卷曲
济麦 22	0	26.39 ± 0.01^{a}	42.44 ± 0.16^{a}	33.86 ± 3.98^{c}	0 ± 0^{c}
	4	11.46 ± 2.73^{c}	36.69 ± 1.47^{b}	38.63 ± 1.97^{b}	13.22 ± 1.09^{ab}
	8	11.39 ± 1.44^{c}	33.12 ± 0.51^{c}	43.53 ± 0.87^{a}	11.96 ± 0.41^{b}
	12	16.87 ± 1.64^{b}	35.11 ± 1.15^{b}	33.11 ± 2.16^{c}	14.91 ± 1.36^{a}

续表

小麦粉	和面时间 /min	二级结构 /%			
		α- 螺旋	β- 折叠	β- 转角	无规则卷曲
宁春 4 号	0	33.31 ± 3.92[a]	40.56 ± 0.51[a]	26.13 ± 3.41[c]	0 ± 0[b]
	4	10.46 ± 1.47[c]	34.33 ± 0.75[b]	40.90 ± 0.99[a]	14.31 ± 1.58[a]
	8	18.51 ± 1.47[b]	34.38 ± 0.51[b]	34.69 ± 1.74[b]	14.07 ± 1.03[a]
	12	11.89 ± 1.44[c]	33.18 ± 1.51[b]	40.75 ± 1.99[a]	14.18 ± 2.31[a]
郑麦 366	0	24.66 ± 1.03[a]	39.38 ± 0.39[a]	35.96 ± 1.42[c]	0 ± 0[b]
	4	9.66 ± 1.55[c]	37.64 ± 1.64[ab]	38.16 ± 0.69[b]	14.54 ± 1.50[a]
	8	10.13 ± 0.77[c]	36.54 ± 1.33[bc]	40.40 ± 0.87[a]	12.93 ± 0.85[a]
	12	20.33 ± 1.68[b]	34.87 ± 1.07[c]	31.33 ± 0.57[d]	13.47 ± 0.79[a]

八、游离巯基（—SH）含量

面团特性很大程度上取决于水合后面筋的黏弹性，而二硫键的形成和交换在蛋白质交联和面筋结构的形成过程中起着重要的作用。面团中游离巯基（—SH）含量是表征蛋白质交联和面筋形成程度的重要指标（Gujral 和 Rosell，2004）。如图 7–8 所示，就 3 种小麦粉总体而言，和面初期，游离巯基含量显著下降（$P<0.05$），表明游离巯基结合形成二硫键。和面时间从 4min 延长至 8min，济麦 22 和宁春 4 号面团中的—SH 含量显著下降（$P<0.05$），而郑麦 366 面团中的—SH 含量无显著变化。过长时间的和面（12min）会导致—SH 含量增加，表明—S—S—键发生断裂；这有

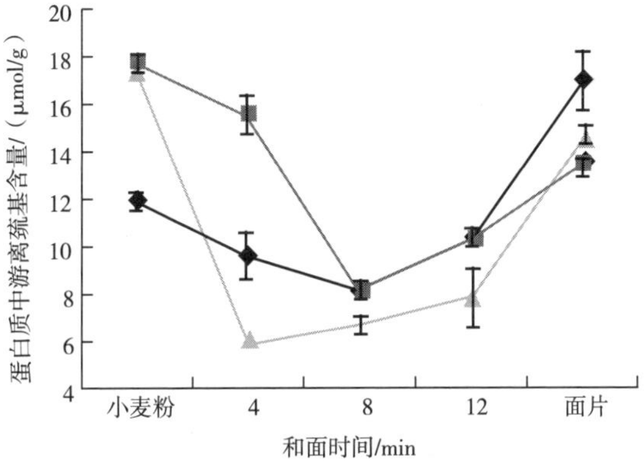

图 7–8　真空和面过程中游离巯基含量的变化

济麦22　宁春4号　郑麦366

助于解释 GMP 含量在过度和面时的变化（图 7–5）。Graveland 等（1985）认为，小麦粉中的 GMP 主要是通过二硫键交联而成。然而，和面时间从 4min 延长至 8min，济麦 22 和宁春 4 号面团中的—SH 含量明显下降，而 GMP 含量无显著变化；可能是在此阶段，一些 SDS 可溶性聚合体蛋白通过二硫键形成。3 种小麦粉面团复合成面片后，游离巯基含量均显著上升。

第四节 小结

（1）就 3 种小麦粉整体来看，和面时间为 8min 时，面团表现出较好的质构特性和更加致密、均匀的内部结构，红外显微成像也表明此时表层蛋白质分布均匀一致。和面时间不足（4min）会导致面团结构不均匀，面筋形成不充分，尤其对弱筋小麦济麦 22 的影响最为明显。和面时间过长（12min）也会导致面团内部结构均匀性降低，面筋延展过度，表层蛋白质减少或局部聚集。

（2）和面初始阶段（0~4min），单体蛋白增多，聚合体蛋白比例减少，GMP 含量显著下降、粒度分布减小，蛋白质分子质量分布降低。和面时间从 4min 延长至 8min，面团中的 GMP 粒度增大，蛋白质聚合度增加，相对分子质量增大。过度和面会导致 GMP 含量下降、粒径分布变小，游离巯基含量增加，蛋白质聚合程度显著降低，分子质量分布变小。面团质量的形成可能与蛋白质聚合度和分子质量的增加、分子内二硫键的交联有关。

（3）小麦粉中的蛋白质水合后，二级结构组成发生改变，β– 折叠和 α– 螺旋减少，而 β– 转角和无规则卷曲增多。济麦 22 面团在 8min 时，二级结构中的 β– 转角较多而 β– 折叠和无规则卷曲较少。对于宁春 4 号，和面 8min 时，α– 螺旋百分比显著较高。对于郑麦 366，在和面过程中，初期随着搅拌时间延长，β– 转角结构显著增多，表明面筋蛋白水合变得更充分；继续搅拌，β– 转角减少而 α– 螺旋结构显著增多，表明较长时间的和面使结构变得更加有序。蛋白质亚基组成在真空和面过程中无显著变化。

（4）小麦粉蛋白质特性不同，受和面时间的影响也不相同。济麦 22 面团在 8min 或 12min 表现出较好的质构特性，而对于郑麦 366，4min 即能得到较好的面团质地。与郑麦 366 相比，和面时间对济麦 22 面团质构特性、内部微观结构、GMP 粒度分布、游离巯基的影响更加明显，这是由于济麦 22 筋力弱、面团强度小，其制作的面条面团不耐揉混。不同小麦粉的蛋白质组成和二级结构在和面过程中的变化规律也存在明显差异，其中的规律和机制还需要开展进一步的研究。

第八章

和面方式对面团结构和面条质量的影响

和面是面条生产中最重要的环节之一。与传统的含水率 50%~60% 的面团不同，工业化面条面团是一种含水率仅为 30%~35% 的松散絮状物。和面方式对和面效果和面条质量有重要影响。通过以不同品质小麦粉为材料，采用不同类型和面机和面，分析比较不同类型和面机的和面效果及其对面条质量的影响；采用二次回归旋转正交中心组合设计，对最优和面机型进行工艺参数优化和分析；采用 TPA、SEM、ATR-FTIR-M、NMR、DSC、SE-HPLC、SDS-PAGE、FTIR 等技术手段，研究不同真空度与和面时间对面条面团的质构、微观结构、水分形态和分布、蛋白质化学结构的影响，明确不同和面方式制面效果差异的理化结构基础，揭示和面过程中面团的物理化学变化，分析面团物理特性、化学结构、水分结合形态之间的关系，探讨小麦粉蛋白质特性与和面方式的互作效应。

第一节　和面机型分析与工艺优化

和面方式对和面效果和面条质量有重要影响。目前面条生产中，和面设备的类型有立式、卧式、单轴、双轴、高速连续及真空和面等多种形式，不同类型和面机的结构和运行方式各不相同，导致不同的和面效果。然而，关于不同类型和面机和面效果的研究尚属空白，许多生产企业在设备选型方面缺乏数据支撑，不利于面条工业的快速发展。通过研究对比 4 种在目前面条工业化生产中使用最为广泛的和面机（棒状搅拌杆双轴卧式恒速和面机、角度桨叶状搅拌杆双轴卧式调速和面机、立式高速连续和面机、卧式高速连续和面机），在实际工业化生产线上开展试验，系统分析了 4 种和面机的和面效果，以期为面制品产业发展提供技术参考。通过对面团、面片、面条质量的分析，筛选出和面效果最佳的机型为调速双轴卧式和面机。以中试型调速卧式和面机为对象，采用二次回归旋转正交组合试验设计对可调工艺参数（加水量、真空度、和面时间）进行优化，得出最优工艺条件为：加水量 35.3%、真空度 0.06MPa、和面时间 7.2min，并解析了各参数对面条质量影响的方差贡献率；研究中还发现真空和面可以减缓面条在冷藏过程中的质量劣变，对延长生鲜面条保质期、保证产品质量稳定有重要作用。和面机型分析与工艺优化研究结果具有很强的应用性，对于面条工业生产有重要参考价值。

第二节 真空度与和面时间对面团理化结构的影响

面团的理化结构是面条质量形成的基础，为明确工艺参数对面条质量影响的作用机制，采用 TPA、SEM、FTIR-M、NMR/MRI、DSC、SE-HPLC、激光衍射粒度分析、SDS-PAGE、FTIR 等技术手段，研究真空度及和面时间对面条面团质构特性、微观结构、水分形态和分布、蛋白质化学结构的影响，探讨真空度及和面时间影响面团质量的结构基础和作用机制。研究中真空度与和面时间的梯度设定依据前期优化结果，真空度为 0MPa（非真空）、0.06MPa（最优真空度）、0.08MPa（过高真空度），和面时间为 4min、8min（最优时间）、12min。通过研究分析可知，物理结构方面，适宜真空度和面可以促进蛋白质和淀粉均匀分布，有利于面筋网络结构形成，淀粉粒被紧紧包裹或黏附，提高了面团黏弹性；化学结构方面，适宜真空度和面可以促进水分结构化，降低水分流动性，提高蛋白质聚合度和分子质量分布，促进二硫键交联，增加 α- 螺旋或 β- 转角结构，贮藏过程中的水分迁移和结构劣变也相对缓慢。据此可以推断，真空和面改善面团质量的作用机制是通过促进面筋蛋白与水的相互作用，引起蛋白质二级结构的转变，进而增加蛋白质交联和分子质量分布，从而表现出不同的面团物理特性。通过研究和面过程中面团理化结构的变化，分析了和面时间影响面团质量的作用机制，发现和面时间适宜时，面团质地紧实，微观结构致密、均匀，此时水分流动性较低、蛋白质聚合度和分子质量较高。通过研究真空度与和面时间对面团物理特性、化学结构、水分结合形态的影响，从两个角度分析了不同和面方式制面效果差异的结构基础，探讨了面团物理特性与水分结合形态和蛋白质化学结构之间的关系。这些研究有助于理解面筋蛋白在面制品加工中的作用机制，对明确面团及面筋黏弹性、延展性的形成机制有重要帮助。

第三节　小麦粉质量特性与和面方式的互作关系

不同类型和面机的和面效果不同，而和面所用的小麦粉质量不同，和面方式对面条质量的影响规律也存在差异。高筋粉的蛋白质和湿面筋含量较低、颗粒较大，采用立式连续和面机（纵向输料，搅拌速度970r/min），其干面条烹调损失显著小于卧式连续和面机（水平输料，搅拌速度1440r/min），其熟面条的硬度、胶着性、咀嚼性显著较高。而对于蛋白质和湿面筋含量高、颗粒小的上白粉，采用卧式连续和面机，其干面条的烹调吸水率较低，熟面条质地更紧实。小麦粉蛋白质特性不同，受真空度、和面时间的影响亦不相同。与蛋白质含量高、面筋筋力强的郑麦366相比，中弱筋小麦粉济麦22面团的质构特性、内部微观结构、蛋白质聚合度及游离巯基（—SH）受真空度变化的影响更明显，且在揉混过程中的稳定性较差，其面团质地、微观结构、GMP粒度分布、游离巯基含量等受和面时间的影响更显著。上述研究结果均表明，原料小麦粉的蛋白质特性与和面方式存在互作，蛋白质含量高、面筋筋力强的小麦粉在和面过程中较为稳定，真空度、和面时间等因素对其面团理化特性的影响较小。因此，在生产中，选择高蛋白质、强筋的小麦粉，其产品质量更为稳定，即使是非真空和面，或是缩短或延长搅拌时间都能够保持较好的面团质量，受和面方式或其他加工因素的影响较小。宁春4号的蛋白质和湿面筋含量明显低于济麦22，然而其筋力强、面团强度大，整体来看，其面团特性受和面方式的影响小于济麦22；可以推断，在保持面团特性稳定方面，面筋筋力的强弱可能比面筋和蛋白质的含量更为重要。蛋白质特性不同的小麦粉，其蛋白质组成、分子质量分布、化学交联程度、二级结构均存在差异，这些化学结构的不同会导致其受和面方式的影响规律不同，其中的机制及小麦粉与加工工艺的适用性等问题，还需要开展进一步的研究。

第四节　小结

（1）适宜真空度和面可以改善面团质地、促进面筋蛋白与水的相互作用、提高蛋白质聚合度和分子质量分布、增加α-螺旋或β-转角结构，阐明了真空和面改善生鲜面条质量、延缓贮藏过程中质量劣变的作用机制。

（2）研究了低水分面条面团在真空和面过程中的理化结构变化，阐明了和面时间影响面团质地的结构基础，有助于理解低水分面团的形成过程。

（3）探讨了低水分面条面团的物理特性与化学结构间的关系，推断出水分的结构化和流动性降低、蛋白质聚合度和分子质量的增加、分子内二硫键的交联、α- 螺旋或 β- 转角的增多，可能是低水分面团物理特性改善的化学结构基础。

（4）通过改变真空度与和面时间，从两个角度证明，蛋白质质量不同的小麦粉受和面方式的影响存在差异。强筋小麦粉在和面过程中较为稳定，真空度、和面时间等因素对其面团理化结构的影响较小。在保持面团特性稳定方面，面筋筋力的强弱可能比面筋和蛋白质的含量更为重要。

第九章

挂面生产过程的质量控制

第一节 概述

挂面是中国的传统食品，也是消费比较普遍、历史悠久的面制品。2018 年全国总产量估计在 800 万 t 左右。近年来，挂面这一传统行业得到了快速发展，挂面生产工艺与技术装备水平大幅提高，产品质量得到改善。然而，国内挂面的生产、研发并不深入分析产品内在品质，缺乏定量化的工艺参数、控制技术与产品质量监测技术。开展企业挂面生产工序能力调查，通过控制图法分析挂面生产过程中的质量波动，计算受控工序的过程能力指数，进而分析影响质量波动和工序过程能力的因素，确定质量关键控制点及相应的控制方法和控制参数，可以帮助挂面生产企业改进生产工艺、降低消耗、保证产品质量的稳定性和合格率，为制面行业根据产品要求制定工艺及质量控制提供理论指导。

统计过程控制（SPC）是一种借助数理统计方法的过程控制工具。通过对生产过程进行分析，根据反馈信息及时发现系统性因素出现的征兆，并采取措施消除其影响，使过程维持在仅受随机性因素影响的受控状态，以达到控制质量的目的。控制图是 SPC 中最重要手段和工具，是根据假设检验原理构造的一种图，用于监测生产过程是否处于控制状态。利用从可重复过程所得到的数据，控制图有助于检测出变差的异常模式，并提供统计失控的检验准则。当过程变异仅由偶然原因造成时，过程处于统计控制状态；否则，变异可能主要来自系统变异，过程处于失控状态，需对可能的原因加以识别、消除或减轻（GB/T 17989.2—2020；Zhang，2005）。SPC 主要用于机械制造过程质量控制，现在也逐渐应用于食品加工质量控制中（夕元等，2004；刘峰，2009；杨军辉等，2010；罗小林等，2010）。Ittzes A.（2001）运用 SPC 判断奶酪加工过程是否处于受控状态，为进一步改进生产提供依据。

Khongsak Srikaeo 等(2005)将 SPC 技术应用于饼干烘烤过程中，确定了存在较大波动和工序能力不足的产品质量性状。刘峰将控制图应用于卷烟卷制工序过程控制中，加工质量显著提高。贡照明(2002)将 SPC 运用到“SPC 面包重量控制”系统，使“SPC 面包重量控制”达到了优化工作状态。由于 SPC 技术在国内食品工业中的应用还处于发展初期，目前在挂面行业实际应用 SPC 的企业非常少。

本章以河北某挂面生产企业两条不同品质小麦粉原料的 3 mm 宽挂面生产线为例，通过对挂面生产过程的实地调研，对不同阶段的产品质量抽样分析检测，分析其质量波动和工序过程能力，确定存在异常质量波动的工序、异常波动点和过程能力不足的工序，分析影响质量波动的因素，提出相应的控制方法和控制参数，综合形成质量关键控制点，并对控制效果进行评估；可以帮助挂面生产企业改进生产工艺、稳定产品质量，为企业根据产品质量要求制定工艺及质量控制提供参考。

第二节　材料与方法

一、试验材料(调查采样)

在企业挂面生产现场调查，绘制挂面生产工艺流程图，确定监测点。

2011 年 2 月 27 日—3 月 16 日，确定两条生产 3 mm 宽挂面的河南东方面机 765 型生产线，所用小麦粉原料分别为品质差异较大的“精粉”和“上白粉”；于两条生产线上，每天各跟踪一锅小麦粉的整个挂面生产过程，于各监测点取样，记录车间温度、相对湿度，和面时的小麦粉用量、干面头和湿面头添加量、加水量、加盐量、和面速度、和面时间，面团熟化时间，面带熟化时间，烘房各个区温度、相对湿度及运行时间。

二、试验方法

(一)样品质量监测分析方法

1. 小麦粉质量性状测定

①白度：采用 WGB-2000L 型智能白度测定仪测定。

②色泽：采用 Minolta CR-400 型色彩色差计测定。

③湿面筋含量：参照 GB/T 5506.1—2008，面筋指数采用杭州天成光电公司面筋指数测定仪测定。

④降落数值：采用杭州天成光电公司降落数值仪测定，参照《小麦、黑麦及其面粉，杜伦麦及其粗粒粉　降落数值的测定　Hagberg-Perten 法》（GB/T 10361—2008）。

⑤粉质参数：采用北京东方孚德粉质仪测定，参照 GB/T 14614—2019。

⑥拉伸参数：采用北京东方孚德拉伸仪测定，参照 GB/T 14615—2019。

2. 面团质量性状测定

①水分含量：参照 GB/T 5009.3—2016，重复 5 次。

②水分均匀度：在打面锅内的 5 个不同部位取面团，测定其水分含量，以 5 份面团水分含量的变异系数（*CV*）表示其水分均匀度，*CV* 值越大，均匀度越差。

3. 面带质量性状测定

①水分含量：参照 GB/T 5009.3—2016，重复 5 次。

②水分均匀度：在面带的 5 个不同部位取样，测定其水分含量，以 5 份面片水分含量的 *CV* 值表示其水分均匀度。

③色泽：采用 Minolta CR-400 型色彩色差计测定，重复 5 次。

④色泽均匀度：在面带的 5 个不同部位测定色泽，以 5 次测定值的 *CV* 值表示其色泽均匀度。

4. 湿切面质量性状测定

①厚度：采用数显游标卡尺测定，重复 5 次。

②水分含量：参照 GB/T 5009.3—2016，重复 3 次。

5. 烘房各阶段面条质量性状测定

水分含量：参照 GB/T 5009.3—2016，重复 3 次。

6. 干面条质量性状测定

①水分含量：参照 GB/T 5009.3—2016，重复 3 次。

②抗弯强度：取干面条 1 根，长度 1m，将干面条两端交叉形成圆圈，并以恒定速度缩小圈的直径，记录面条断裂时圈的直径。直径越小，抗弯强度越高。重复 10 次。

7. 成品挂面质量性状测定

①水分含量：参照 GB/T 5009.3—2016，重复 2 次。

②烹调时间和烹调损失：参照 LS/T 3212—2014。

（二）质量波动分析原理与方法

控制图就是对生产过程的关键质量特性值进行测定、记录、评估并监测过程是否处于受控状态的一种图形方法。控制图能及时反映和区分产品质量正常波动与异常波动，控制图上的控制限是区分正常波动和异常波动的科学界限，通过在控制图中对按时间顺序抽取的样本统计量数值进行描点，并观察这些描点是否落在上、下控制限之间，以及在上、下控制限间的排列是否随机，判断过程是否正常。控制界限一般根据“3σ（三倍标准差）”原理来确定，即上界（UCL）位于中心线（CL）上边三倍标准差处，下界（LCL）位于中心线（CL）下边的三倍标准差处。3σ 控制限表明，若生产过程处于统计控制状态，则大约有 99.7% 的观测值将落在控制界限之内（Ronald 等，1995；ISO 8258—1991）。

控制图判断异常的原则：资料点超出控制界限；非随机性异常判断原则，如连续 9 个点在中心线同一侧，或连续 6 个点全部递增或递减。

对于因各种原因每次只能得到一个数据的监测指标采用单值 - 移动极差（I-MR）控制图；对于监测数据子组容量 <10 的，采用最常用的平均值 - 极差（$\bar{X}$-R）控制图；对于监测数据子组容量≥ 10 的，采用平均值 - 标准差（$\bar{X}$–S）控制图。

（三）工序过程能力指数计算

过程能力是指工序处于稳定状态下的实际加工能力；它是衡量工序质量的一种标志。工序过程能力指数是衡量工序能力对产品规格要求满足程度的数量值；它用工序质量要求的范围（公差）和工序能力的比值表示（刘光第，2001；赵妙霞等，2009）：标准差或样本标准差。当分布中心与公差中心重合时，工序能力指数记为 C_p；当分布中心与公差中心有偏离时，工序能力指数记为 C_{pk}。

表 9-1 给出了利用工序能力指数 C_p 对工序能力做出判断的一般标准（龚益鸣等，2009）。

表 9-1 工序能力评价标准

工序能力等级	工序能力指数	工序能力判断
特级	$C_p>1.67$	过剩
一级	$1.67 \geq C_p>1.33$	充足
二级	$1.33 \geq C_p>1.00$	正常
三级	$1.00 \geq C_p>0.67$	不足
四级	$C_p \leq 0.67$	严重不足

$$C_p=T/6\sigma \tag{9-1}$$

式中　C_p——工序过程能力指数；

T——工序公差；

σ——总体标准差或样本标准差。

（四）质量波动原因分析方法

特性要因图是将造成某项结果的众多原因，以系统的方式图解之，即以图来表达结果（特性）与原因（要因）之间的关系（林荣瑞，1999）。集合 4~10 人的有关人员（对此具有专业知识和经验者，或有职责关系者）进行脑力激荡，各抒己见。所有问题原因均已发掘提出后，再请大家轮流发言，经讨论确认发生原因后，依其重要性之大小加以标示。各大要因记载可由 4M1E：Man（人）、Machine（机器）、Material（物）、Method（方法）、Environments（环境）五大类着手寻找（龚益鸣等，2009）。

三、数据统计与分析

采用 Excel 2007、SPSS 16.0 和 Minitab 15 进行数据处理和统计分析。

第三节　结果与分析

一、挂面生产工艺监测点

图 9-1 为挂面生产工艺流程图，主要工艺包括和面、面团熟化、复合、面带熟化、压延、烘干。11 个监测点及对应样品分别为小麦粉和面形成的面团，熟化复合后的面带①，二次熟化后的面带②，九道压延后的面带③，切条上架后的湿面条，运行通过烘房五个区的面条①～面条④和干面条，切断计量包装后的成品挂面。

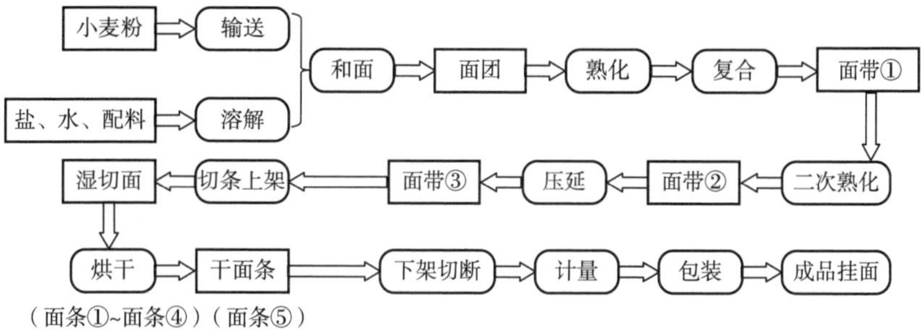

图 9-1 挂面生产工艺流程图

注：小麦粉经和面形成面团；面团熟化、复合后形成面带①；面带①二次熟化后形成面带②；面带②压延、切条上架后形成湿面条；湿切面进入烘房，烘房分为五个区，面条①、面条②、面条③、面条④、面条⑤分别是指进入烘房Ⅰ区、Ⅱ区、Ⅲ区、Ⅳ区、Ⅴ区运行后的面条；干面条下架切断、计量、包装，成为成品挂面。

二、精粉挂面生产过程的质量控制

（一）精粉挂面生产过程质量波动分析

精粉挂面生产过程中，水分变化如图 9-2 所示，小麦粉和面后形成面团，水分含量迅速上升；之后水分含量逐渐下降，最终达到挂面的目标水分含量；其中，在烘房的前三个区，水分含量下降非常迅速，是挂面烘干的主要阶段。根据标准差，可以看出面条②水分含量的变化较大，需对其波动进行分析。

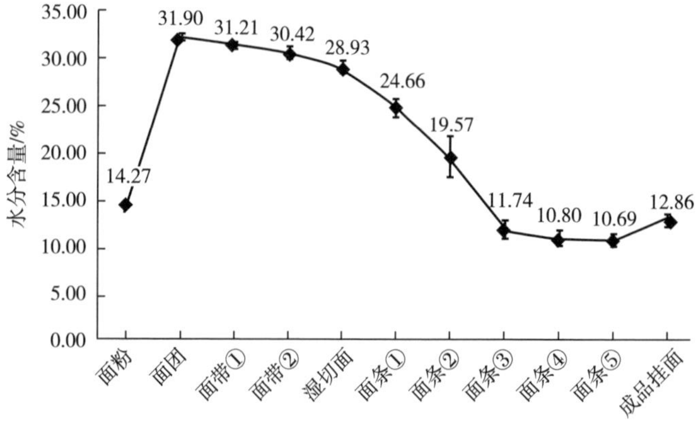

图 9-2 精粉挂面生产过程中的水分变化

精粉挂面生产过程中，面团水分含量、面团水分均匀度、面带①水分均匀度、面带②水分均匀度、面带③色泽 L^* 值、面带③色泽 a^* 值、面带③色泽 b^* 值、面带③色泽 L^* 值均匀度、面带③色泽 a^* 值均匀度、面带③色泽 b^* 值均匀度、湿切面厚度、面条②水分含量、干面条抗弯强度、成品挂面水分含量、成品挂面烹调时间及烹调损失 16 个指标的平均值分别为 31.90%、0.64%、1.51%、1.72%、87.67、–0.72、7.78、0.46%、12.23%、5.28%、0.910mm、19.56%、100mm、12.86%、4.2min 和 7.1%；变异系数分别为 1.11%、104.32%、81.80%、33.09%、1.03%、38.62%、7.59%、56.51%、150.01%、73.62%、1.47%、10.84%、24.64%、4.76%、12.90% 和 7.09%；面团水分均匀度、面带①水分均匀度、面带②水分均匀度、面带③色泽 a^* 值、面带③色泽 L^* 值均匀度、面带③色泽 a^* 值均匀度、面带③色泽 b^* 值均匀度、面条②水分含量、干面条抗弯强度、成品挂面烹调时间的变异系数均超过 10%，变异较大（表 9–2）。

表 9–2　精粉挂面生产线监测点产品性状

产品质量性状	平均值	变幅	极差	标准差	变异系数 /%
面团水分含量 /%	31.90	30.98~32.42	1.44	0.35	1.11
面团水分均匀度 /%	0.64	0.14~2.88	2.74	0.66	104.32
面带①水分均匀度 /%	1.51	0.17~4.76	4.59	1.23	81.80
面带②水分均匀度 /%	1.72	0.80~2.76	1.96	0.57	33.09
面带③色泽 L^* 值	87.67	85.73~89.75	4.02	0.90	1.03
面带③色泽 a^* 值	–0.72	–1.22~–0.30	0.92	0.28	38.62
面带③色泽 b^* 值	7.78	6.56~8.65	2.09	0.59	7.59
面带③色泽 L^* 值均匀度 /%	0.46	0.20~1.03	0.83	0.26	56.51
面带③色泽 a^* 值均匀度 /%	12.23	2.04~75.16	73.12	18.35	150.01
面带③色泽 b^* 值均匀度 /%	5.28	1.05~15.16	14.11	3.88	73.62
湿面条厚度 /mm	0.910	0.874~0.926	0.052	0.013	1.47
面条②水分含量 /%	19.56	14.83~23.67	8.84	2.12	10.84
干面条抗弯强度 /mm	100	68~149	81	24.65	24.64
成品挂面水分含量 /%	12.86	11.75~13.85	2.10	0.61	4.76
成品挂面烹调时间 /min	4.2	3.0~5.5	2.5	0.54	12.90
成品挂面烹调损失 /%	7.1	6.2~7.9	1.7	0.51	7.09

制作 16 个质量指标的控制图（图 9–3~ 图 9–18）。在 18 天监测中，第 1、8 天

的面团水分含量超出了控制图的控制限，为异常波动点，占 2/18；第 1、2 天的面团水分均匀度超出了控制图的控制上限，为异常波动点，占 2/18；第 1、4、17 天的面带③的色泽 a* 值为异常波动点，占 3/18；第 17、18 天的面带③色泽 a* 值均匀度为异常波动点，占 2/18；第 4、6、10、17 天的面条②水分含量为异常波动点，占 4/18；第 2、8、10、15、16、17 天的干面条抗弯强度为异常波动点，占 6/18；第 10、16 天的成品挂面水分含量为异常波动点，占 2/18。这 7 个指标在监测的 18 天

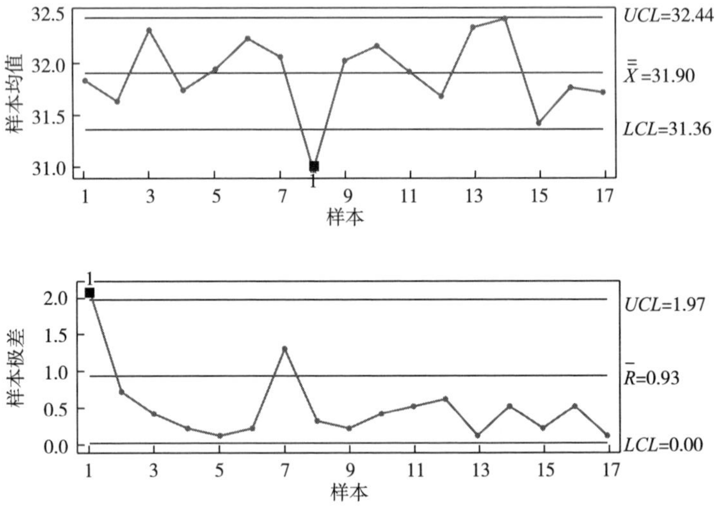

图 9-3　面团水分含量的 $\bar{X}-R$ 控制图（精粉挂面）

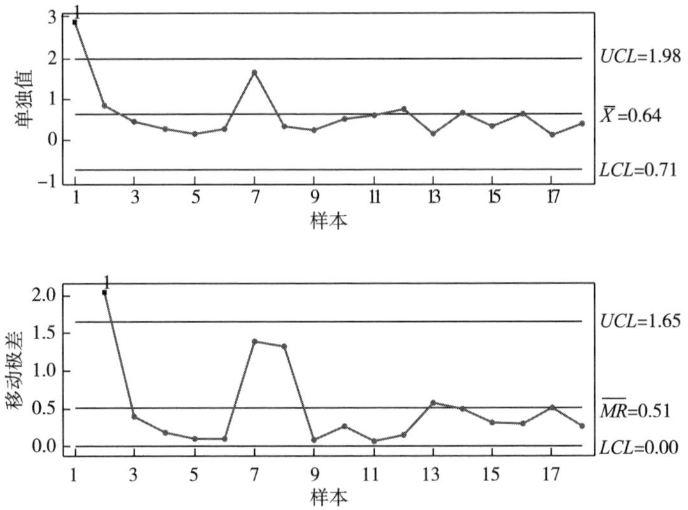

图 9-4　面团水分均匀度的 $I-MR$ 控制图（精粉挂面）

中均有超出控制限的异常波动点，存在异常质量波动，需对其波动原因进行分析。其中，面团水分含量及其水分均匀度、面带③色泽 a* 值均匀度、成品挂面水分含量这 4 个指标仅有 2 次超出控制限，质量波动相对较小，而干面条抗弯强度有 6 次超出控制线，波动相对较大。

面带①水分均匀度、面带②水分均匀度、面带③色泽 L* 值、面带③色泽 b* 值、面带③色泽 L* 值均匀度、面带③色泽 b* 值均匀度、湿面条厚度、成品挂面烹调时间及烹调损失均未有超出控制限，处于受控状态。

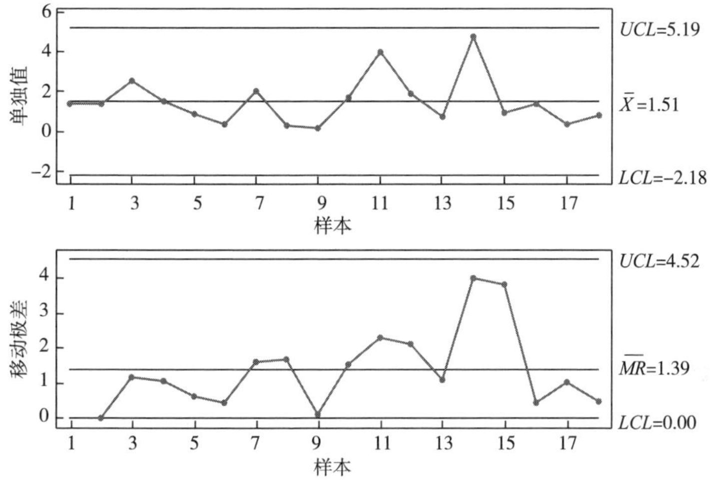

图 9-5　面带①水分均匀度的 *I–MR* 控制图（精粉挂面）

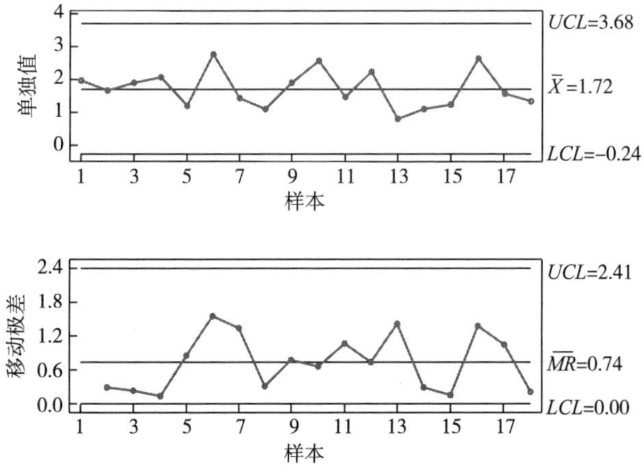

图 9-6　面带②水分均匀度的 *I–MR* 控制图（精粉挂面）

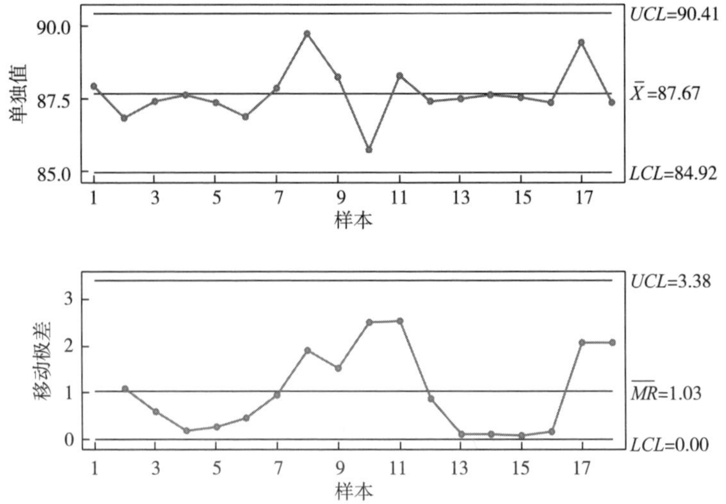

图 9-7 面带③色泽 L* 值的 *I-MR* 控制图（精粉挂面）

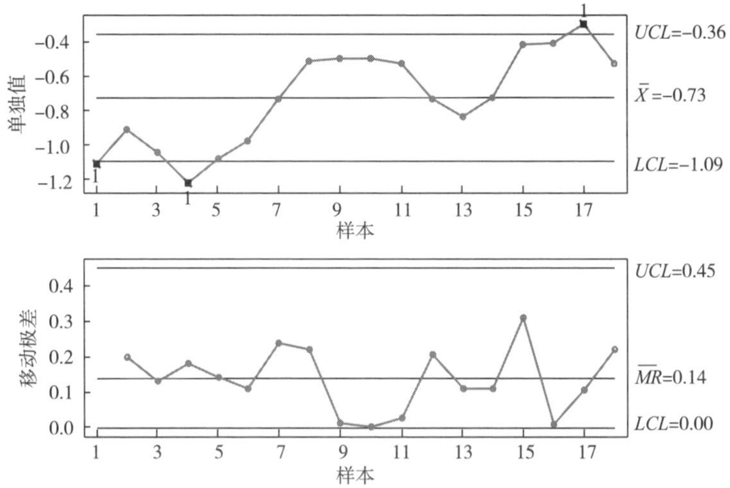

图 9-8 面带③色泽 a* 值的 *I-MR* 控制图（精粉挂面）

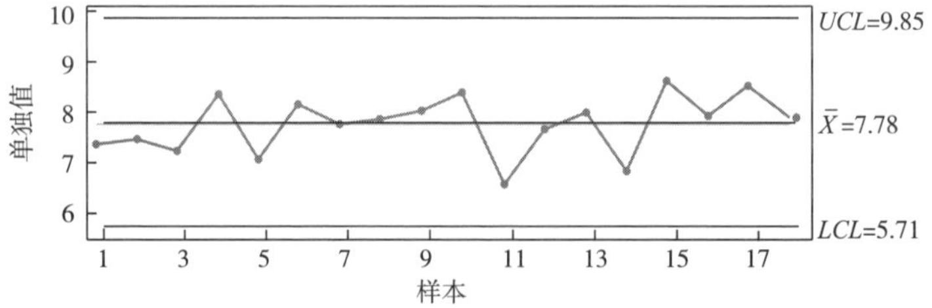

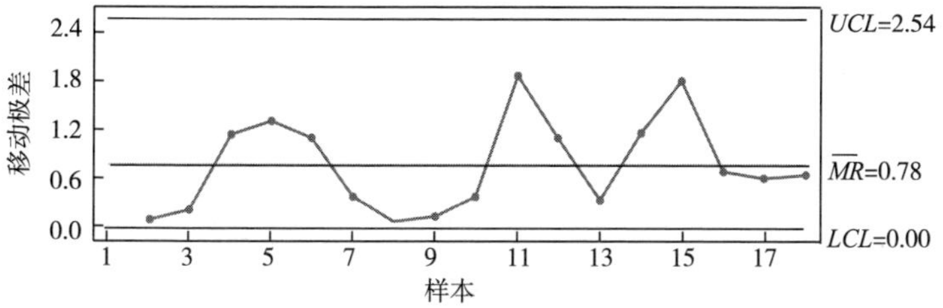

图 9-9　面带③色泽 b^* 值的 *I-MR* 控制图（精粉挂面）

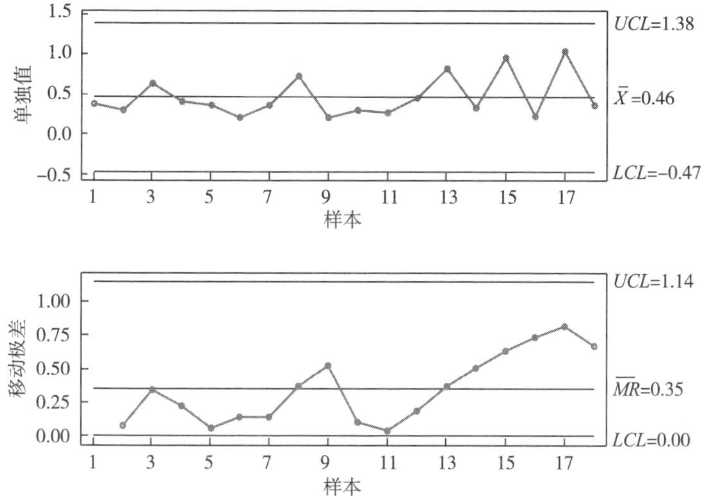

图 9-10　面带③色泽 L^* 值均匀度的 *I-MR* 控制图（精粉挂面）

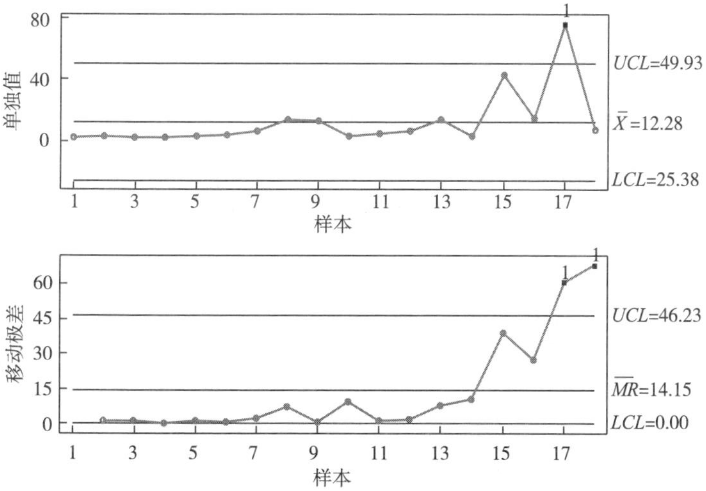

图 9-11　面带③色泽 a^* 值均匀度的 *I-MR* 控制图（精粉挂面）

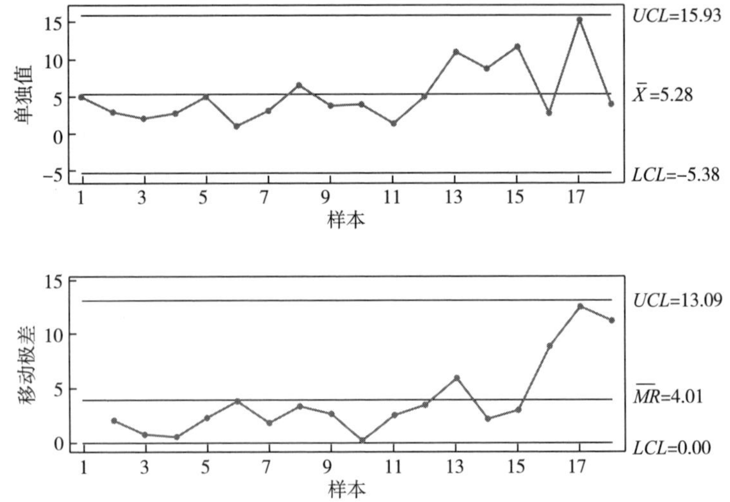

图 9-12 面带③色泽 b* 值均匀度的 *I-MR* 控制图（精粉挂面）

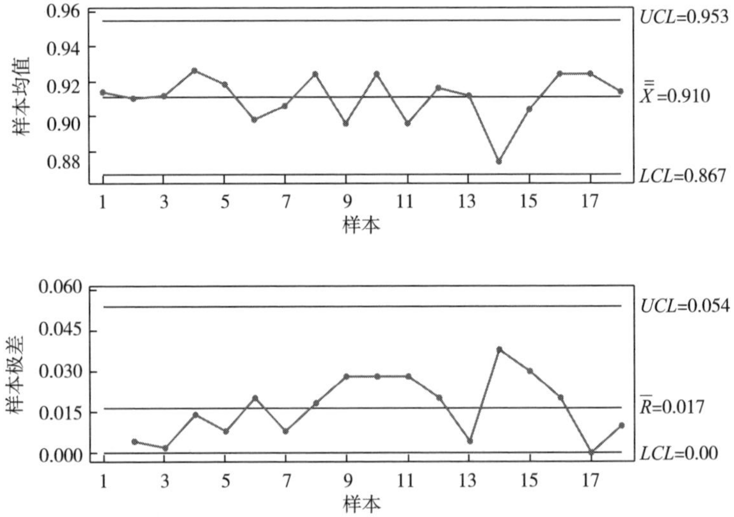

图 9-13 湿面条厚度的 $\bar{X}$-*R* 控制图（精粉挂面）

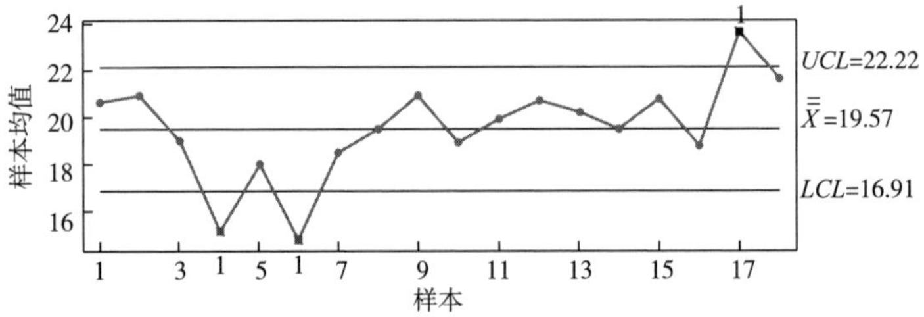

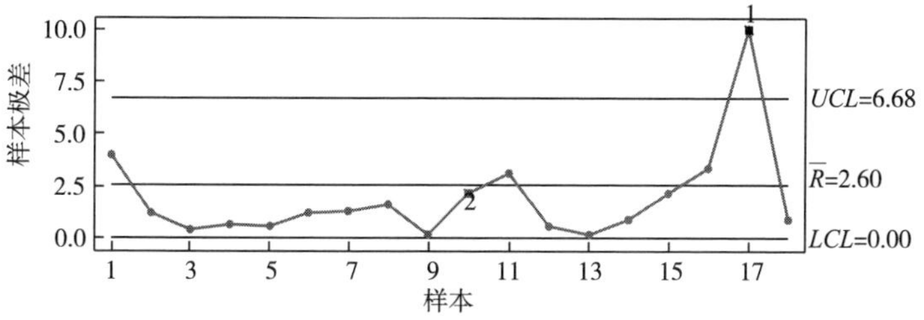

图 9-14　面条②水分含量的$\overline{X}-R$ 控制图（精粉挂面）

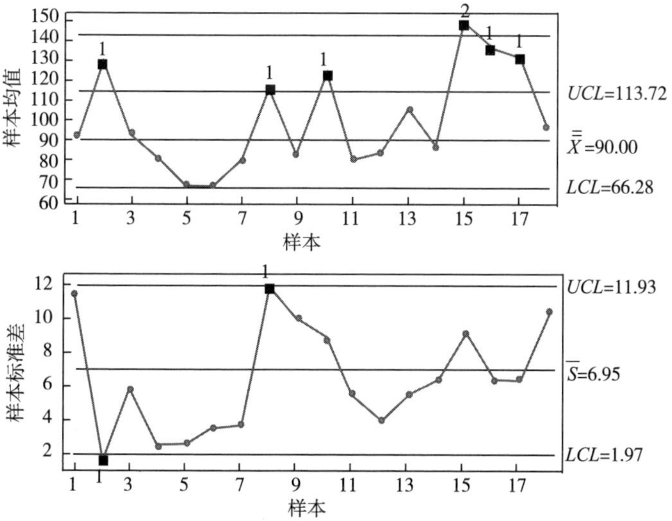

图 9-15　干面条抗弯强度的$\overline{X}-S$ 控制图（精粉挂面）

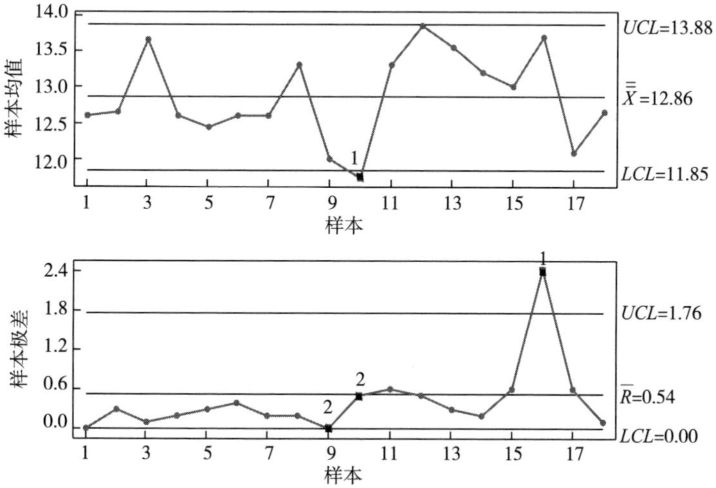

图 9-16　成品挂面水分含量的$\overline{X}-R$ 控制图（精粉挂面）

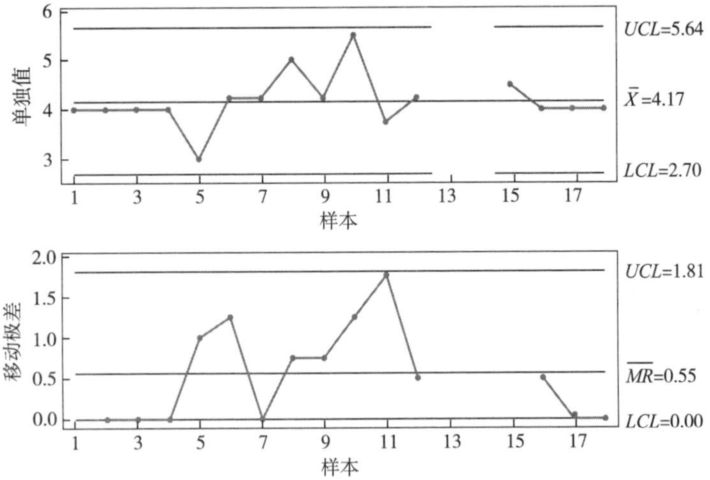

图 9-17 烹调时间的 *I–MR* 控制图（精粉挂面）

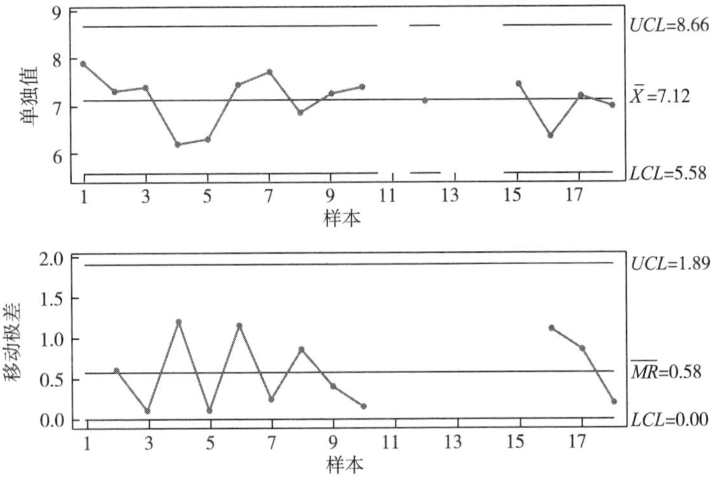

图 9-18 烹调损失的 *I–MR* 控制图（精粉挂面）

（二）精粉挂面生产工序过程能力分析

精粉挂面生产过程中，面带①水分均匀度、面带②水分均匀度、面带③色泽 L^* 值、面带③色泽 b^* 值、面带③色泽 L^* 值均匀度、面带③色泽 b^* 值均匀度、挂面烹调时间及烹调损失均处于受控状态，计算其工序过程能力指数，如表 9-3 所示。面带①水分均匀度和面带③色泽 b^* 值均匀度工序能力指数分别为 0.93 和 0.4，均小于 1，表明工序过程能力不足，不合格品率较高，需要改进。

表 9-3　　工序过程能力分析

产品质量性状	C_p	C_{pk}	工序过程能力
面带①水分均匀度		0.93	不足
面带②水分均匀度		1.9	充足
面带③色泽 L^* 值	1.1		正常
面带③色泽 L^* 值均匀度		5.77	充足
面带③色泽 b^* 值	1.39		充足
面带③色泽 b^* 值均匀度		0.4	不足
挂面烹调损失	0.99		正常

注：C_p：过程能力指数；C_{pk}：综合过程能力指数。

（三）精粉挂面工序质量波动因素分析

1. 面团水分含量及其均匀度的波动因素分析

与研究所专家、企业技术人员及管理人员交流，头脑风暴，形成面团水分含量及其均匀度的特性要因图（图 9-19）。从原料小麦粉、和面用水、工艺、设备、人员操作和车间环境 6 个方面分析可能的质量波动原因，共发掘 19 个影响因素。查阅分析异常波动点当天的生产记录（工艺参数、原料特性、人员操作等），查阅相关文献，并进一步交流讨论，筛选出每个异常波动可能的原因。第 8 天的面团水分含量低于控制下限，原因是工作人员注意力不集中，多加了一袋（25kg）小麦粉。第 1 天的面团水分均匀度较差，明显超出控制上限，可能的原因有：加水快，加水不均匀；快速和面时间较短；当天环境温度较低，导致和面水温较低。

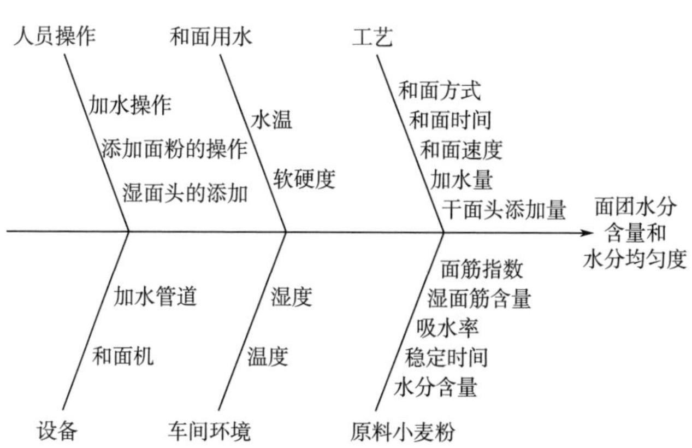

图 9-19　面团水分含量及其均匀度的特性要因图

2. 面带①水分均匀度的波动因素分析

通过与生产人员交流讨论和分析生产记录（工艺参数、原料特性、人员操作等）得出，影响面带①水分均匀度的因素主要是面团水分均匀度和人员操作。导致过程能力不足的可能因素包括：面团水分均匀度较差；湿面头在复合压延机处添加；和面结束后，清理和面机时导致有干面粉落在了进入熟化机的面团上。

3. 面带③色泽及其均匀度的波动因素分析

第 1、4 天的面带③色泽 a^* 值低于控制下限，第 17 天的面带③色泽 a^* 值及其均匀度均高于控制上限，面带③色泽 b^* 值均匀度工序能力不足，导致异常波动或工序能力不足的可能原因有：面带①水分均匀度较差；在复合压延机处添加了湿面头；小麦粉的灰分含量和色泽不稳定；小麦粉中的 PPO 活性较高。

4. 面条②水分含量的波动因素分析

第 4 天的面条②水分含量低于控制下限，主要是因为当时烘房Ⅰ区的温度较高，明显高于平均水平；第 6 天水分异常的原因是面条在烘房Ⅰ区的运行时间过长，超过平均时间 20~30min。第 17 天的水分含量高于控制上限，可能的原因包括：烘房Ⅱ区的温度较低；面条在烘房Ⅰ区、Ⅱ区的运行时间较短。

5. 干面条抗弯强度的波动因素分析

形成干面条抗弯强度的特性要因图（图 9-20）。从原料小麦粉、和面工艺、压延工艺、干燥工艺、设备和人员操作 6 个方面分析可能的质量波动原因，共发掘 21 个影响因素。第 2、8、10、15、16、17 天的干面条抗弯强度均高于控制上限，可能的主要原因包括：小麦粉稳定时间较短；面团水分含量低，水分均匀度差；湿面条厚度较大；烘房各区的温度、相对湿度及运行时间不稳定。

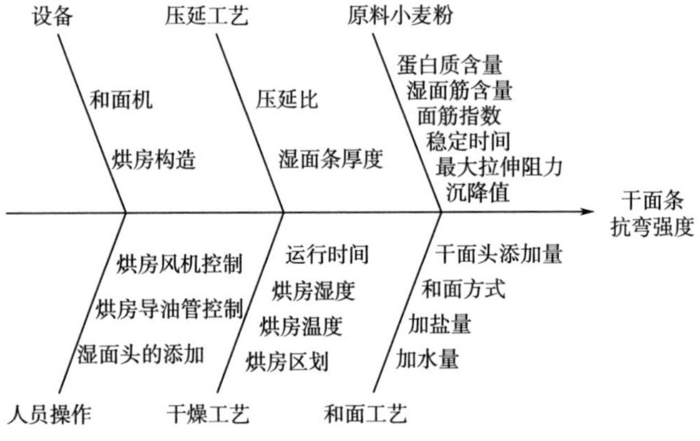

图 9-20 干面条抗弯强度的特性要因图

6. 成品挂面水分含量的波动因素分析

第 10 天的挂面水分含量低于控制下限，主要是因为在烘房运行的总时间较长，特别是在烘房四区的运行时间明显超过平均水平。

（四）精粉挂面加工质量控制方法与参数

查阅文献、专著，结合监控数据与实际生产经验，与企业技术人员、研究室专家反复讨论，总结出精粉挂面加工质量控制因素与控制方法（表 9–4）。

表 9–4　精粉挂面加工质量控制因素与方法

产品质量性状	控制的因素	控制方法与参数
面团水分含量	加入小麦粉的操作	固定小麦粉用量，保证在 300kg
	和面加水量	控制加水量，使面团最终含水量达到 31%~33%
面团水分均匀度	和面时间	控制和面时间，快速和面时间应不低于 120s，总时间应在 15min 左右
	加水操作	先启动和面机，后加水；控制加水速度，加水在 2min 左右完成
	和面水温	水温控制在 25~30℃，和面效果较好
	和面机	卧式和面机改为高速连续和面机或真空和面机
面带①水分均匀度	湿面头的添加方式	湿面头添加在和面机中，不要在复合压延机处添加
	和面机清理方法	和面机内壁、箱盖上的干面粉应及时清理，清理时应关闭和面机底部闸门，勿使干面粉落在熟化机上
	面团水分均匀度	见面团水分均匀度控制方法
面带③色泽	小麦粉色泽、白度	确保小麦粉色泽的稳定性，小麦粉白度≥ 80
	灰分含量	灰分控制在 0.5% 以下
	湿面头的添加方式	湿面头少量多次添加在和面机中，不要在压延复合机处添加
	小麦粉中 PPO 的活性和黄色素含量	选择 PPO 的活性和黄色素含量低的小麦粉
	面带③色泽均匀度	见面带③色泽均匀度控制方法
面带③色泽均匀度	小麦粉中 PPO 的活性	选择 PPO 含量低、活性低的小麦粉
	湿面头的添加方式	湿面头添加在和面机中，不要在复合压延机处添加
	面带①水分均匀度	见面带①水分均匀度控制方法

续表

产品质量性状	控制的因素	控制方法与参数
面条②水分含量	烘房Ⅰ区、Ⅱ区的温度、相对湿度	Ⅰ区：温度25℃，相对湿度85%；Ⅱ区：温度40℃，相对湿度80%
	烘房Ⅰ区、Ⅱ区运行时间	确保挂面在烘房Ⅰ区、Ⅱ区运行时间的稳定，尽量减少停机现象
成品挂面水分含量	烘房运行时间	确保烘房的运行时间的稳定，尽量减少停机现象
	烘房温度、相对湿度	Ⅰ区：温度25℃，相对湿度85%；Ⅱ区：温度40℃，相对湿度80%；Ⅲ区：温度43℃，相对湿度75%；Ⅳ区：温度40℃，相对湿度65%；Ⅴ区：温度30℃，相对湿度55%
	挂杆掉落	密切注意挂面上架是否顺利，减少挂杆掉落的现象
挂面抗弯强度	烘房运行时间	确保烘房运行时间的稳定，尽量减少停机现象
	烘房温度、相对湿度	Ⅰ区：温度25℃，相对湿度85%；Ⅱ区：温度40℃，相对湿度80%，Ⅲ区：温度43℃，相对湿度75%；Ⅳ区：温度40℃，相对湿度65%；Ⅴ区：温度30℃，相对湿度55%
	湿面条厚度	电子游标卡尺监测湿面条厚度，如发现厚度超出目标范围，及时调节压辊距
	稳定时间	应确保小麦粉稳定时间≥3.5min
	面团水分含量及均匀度	见面团水分含量及均匀度控制方法
	烘房设计	开展研究，完善烘房设计，合理布局，完善供热系统、排风系统、传动系统

三、上白粉挂面生产过程的质量控制

（一）上白粉挂面生产过程质量波动分析

上白粉挂面生产过程中，水分变化趋势基本与精粉一致。根据标准差，面条②水分含量的变化较大，需对其波动进行分析（图9–21）。

上白粉挂面生产过程中，面团水分含量、面团水分均匀度、面带①水分均匀度、面带②水分均匀度、面带③色泽 L^* 值、面带③色泽 a^* 值、面带③色泽 b^* 值、面带③色泽 L^* 值均匀度、面带③色泽 a^* 值均匀度、面带③色泽 b^* 值均匀度、湿面条厚度、面条②水分含量、干面条抗弯强度、成品挂面水分含量、成品挂面烹调时间及烹调损失16个指标的平均值分别为31.51%、0.98%、1.91%、2.70%、

81.19、-0.26、12.12、0.54%、31.43%、4.44%、0.905 mm、19.88%、97 mm、12.91%、4.38min 和 7.3%；变异系数分别为 1.54%、197.32%、56.58%、109.09%、1.73%、73.84%、7.40%、57.35%、74.48%、46.50%、2.78%、9.40%、15.69%、2.67%、11.26% 和 7.22%；面团水分均匀度、面带①水分均匀度、面带②水分均匀度、面带③色泽 a^* 值、面带③色泽 L^* 值均匀度、面带③色泽 a^* 值均匀度、面带③色泽 b^* 值均匀度、面条②水分含量、干面条抗弯强度、成品挂面烹调时间的变异系数均超过了 10 %，变异较大（表 9-5）。

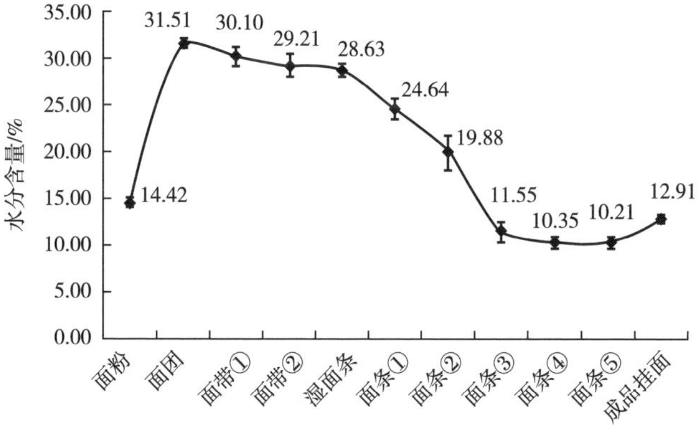

图 9-21　上白粉挂面生产过程中的水分变化

表 9-5　上白粉挂面生产线监测点产品性状

产品质量性状	平均值	变幅	极差	标准差	变异系数 /%
面团水分含量 /%	31.51	30.60~32.22	1.62	0.48	1.54
面团水分均匀度 /%	0.98	0.22~9.09	8.87	1.93	197.32
面带①水分均匀度 /%	1.91	0.77~5.32	4.55	1.08	56.58
面带②水分均匀度 /%	2.70	0.65~14.05	13.40	2.94	109.09
面带③色泽 L^* 值	81.19	78.96~84.11	5.15	1.41	1.73
面带③色泽 a^* 值	-0.26	-0.71~-0.08	0.80	0.19	73.84
面带③色泽 b^* 值	12.12	10.66~13.54	2.88	0.90	7.40
面带③色泽 L^* 值均匀度 /%	0.54	0.21~1.35	1.14	0.31	57.35
面带③色泽 a^* 值均匀度 /%	31.43	6.39~91.72	85.33	23.41	74.48
面带③色泽 b^* 值均匀度 /%	4.44	1.66~8.91	7.25	2.06	46.50
湿面条厚度 /mm	0.905	0.852~0.960	0.108	0.03	2.78

续表

产品质量性状	平均值	变幅	极差	标准差	变异系数 /%
面条②水分含量 /%	19.88	16.53~25.03	8.50	1.87	9.40
干面条抗弯强度 /mm	97	68~129	61	15.20	15.69
成品挂面水分含量 /%	12.91	12.15~13.50	1.35	0.35	2.67
成品挂面烹调时间 /min	4.38	3.25~5.50	2.25	0.49	11.26
成品挂面烹调损失 /%	7.3	6.4~8.1	1.7	0.52	7.22

制作 16 个质量指标的控制图（图 9–22~ 图 9–37）。20 天监测中，第 3、7 天的面团水分含量低于控制图的控制下限，为异常波动点，占 2/20；第 7、8 天的面团水分均匀度超出了控制图的控制上限，为异常波动点，占 2/20；第 16 天的面带①水分均匀度为异常波动点，占 1/20；第 9、10 天的面带②水分均匀度为异常波动点，占 2/20；第 2、19、20 天的面带③色泽 L^* 值为异常波动点，占 3/20；第 3 天的面带③的色泽 a^* 值为异常波动点，占 1/20；第 17、18 天的面带③色泽 L^* 值均匀度为异常波动点，占 2/20；第 13、14 天的面带③色泽 a^* 值均匀度为异常波动点，占 2/20；第 6、11、19、20 天的湿面条厚度为异常波动点，占 4/20；第 4 天的面条②水分含量为异常波动点，占 1/20；第 1、2、3、7、19、20 天的干面条抗弯强度为异常波动点，占 6/20；第 1、3、19 天的成品挂面水分含量为异常波动点，占 3/20。

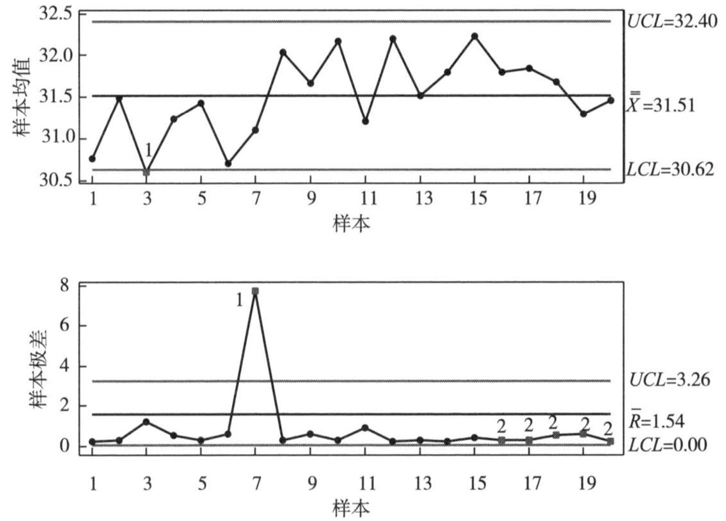

图 9–22 面团水分含量的 $\bar{X}-R$ 控制图（上白粉挂面）

这 12 个指标在监测的 20 天中均有超出控制限的异常波动点，存在异常质量波动，需对其波动原因进行分析。其中湿面条厚度有 4 次超出控制线，干面条抗弯强度有 6 次，波动相对较大。

面带③色泽 b* 值、面带③色泽 b* 值均匀度、成品挂面烹调时间及烹调损失均未有超出控制限，处于受控状态。

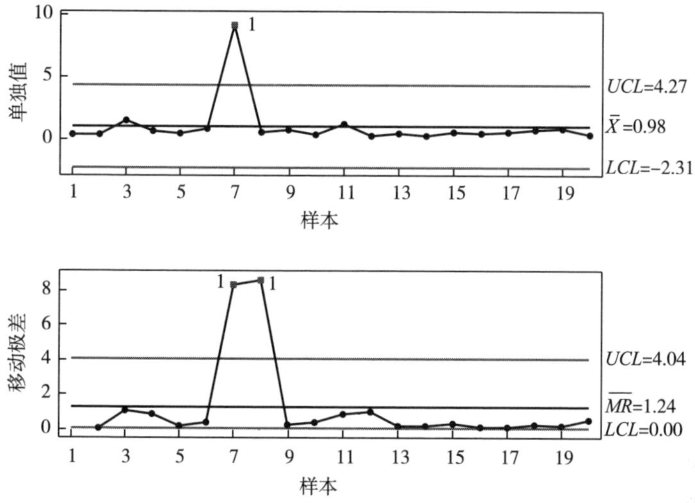

图 9-23　面团水分均匀度的 I-MR 控制图（上白粉挂面）

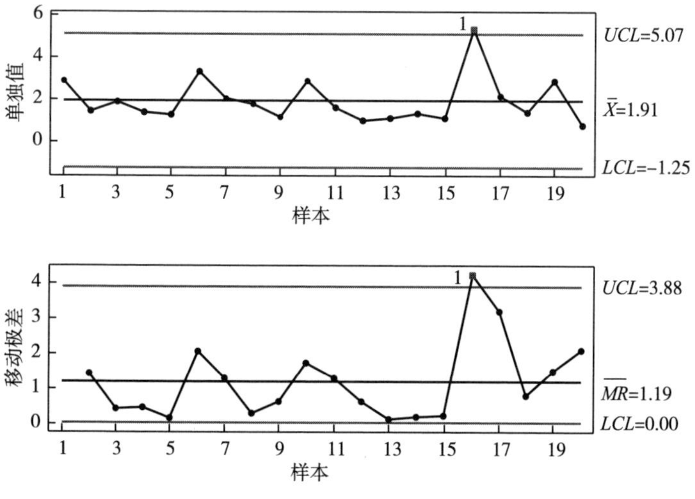

图 9-24　面带①水分均匀度的 I-MR 控制图（上白粉挂面）

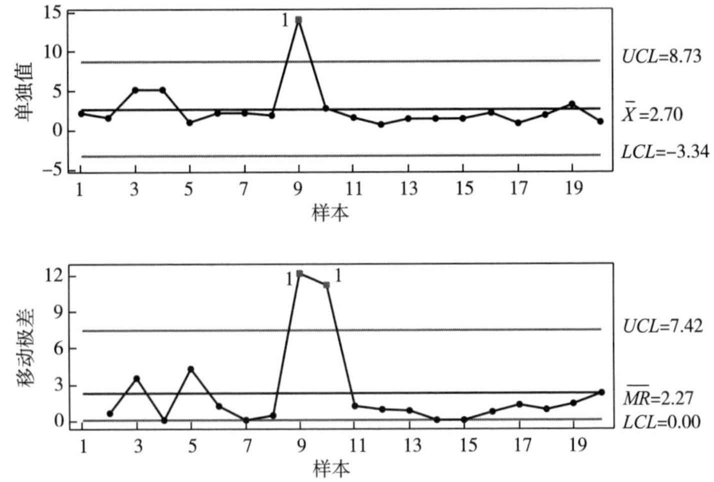

图 9-25 面带②水分均匀度的 *I–MR* 控制图（上白粉挂面）

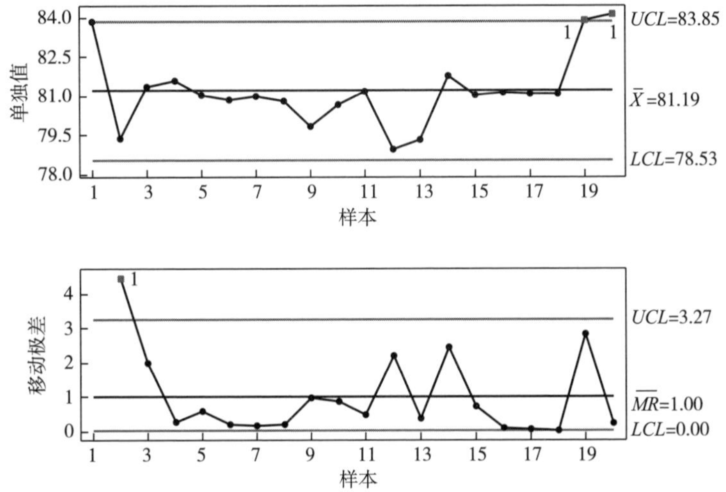

图 9-26 面带③色泽 L^* 值的 *I–MR* 控制图（上白粉挂面）

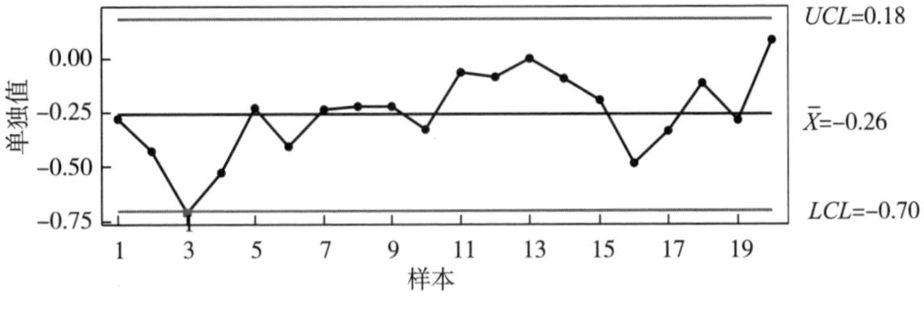

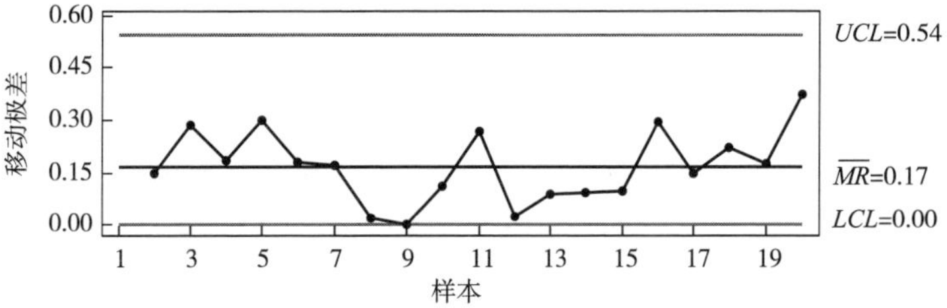

图 9-27　面带③色泽 a* 值的 *I–MR* 控制图（上白粉挂面）

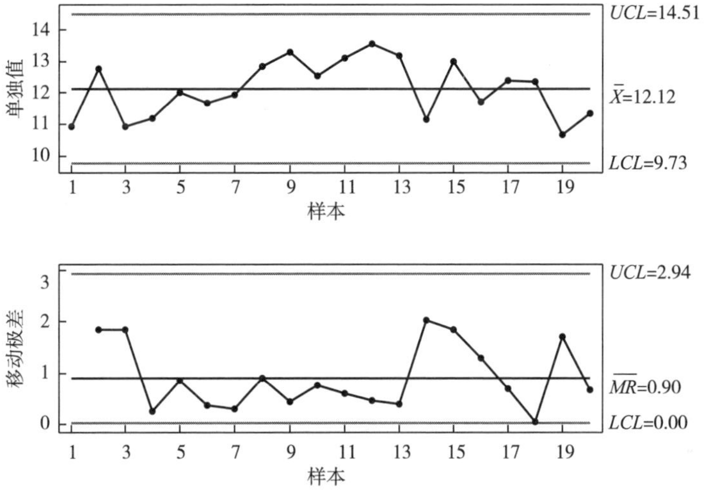

图 9-28　面带③色泽 b* 值的 *I–MR* 控制图（上白粉挂面）

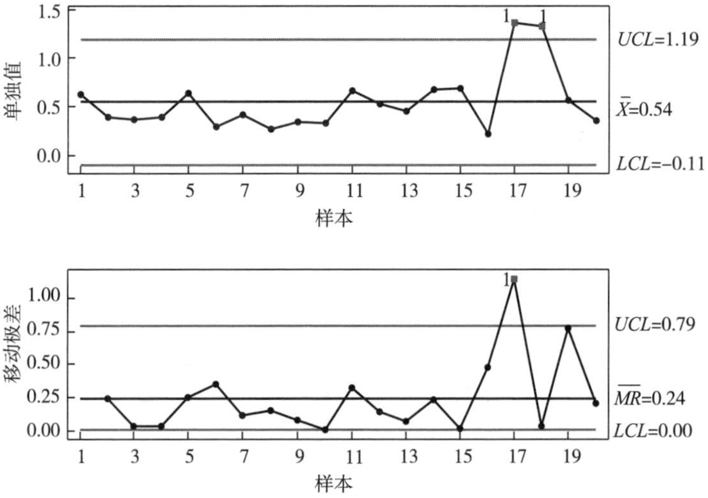

图 9-29　面带③色泽 L* 值均匀度的 *I–MR* 控制图（上白粉挂面）

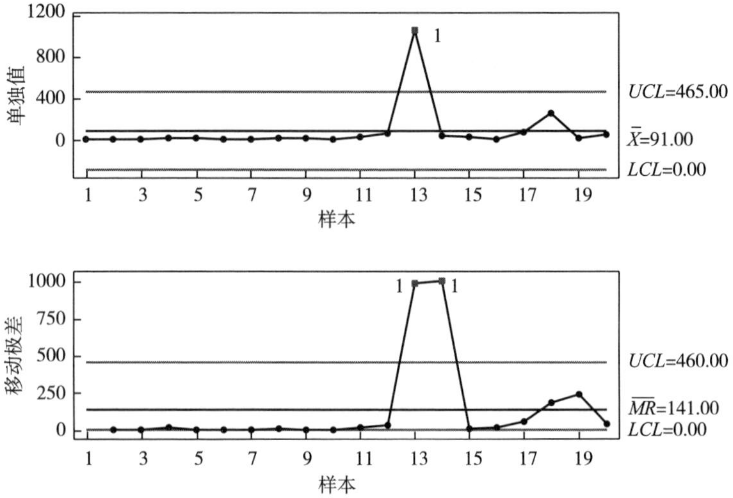

图 9-30 面带③色泽 a* 值均匀度的 *I-MR* 控制图（上白粉挂面）

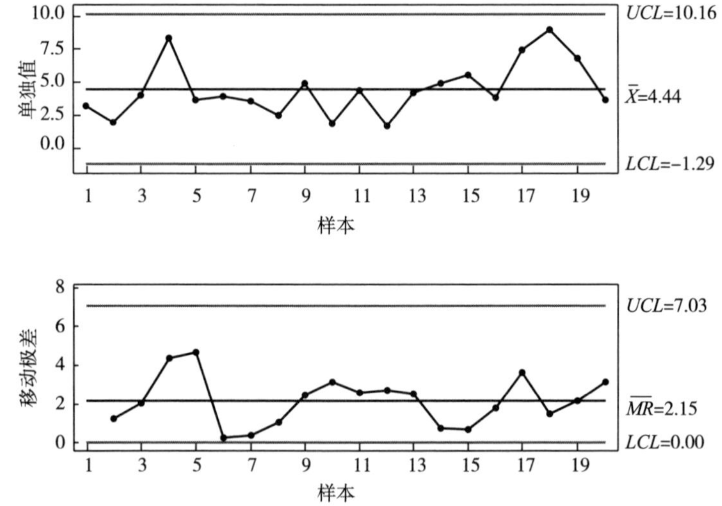

图 9-31 面带③色泽 b* 值均匀度的 *I-MR* 控制图（上白粉挂面）

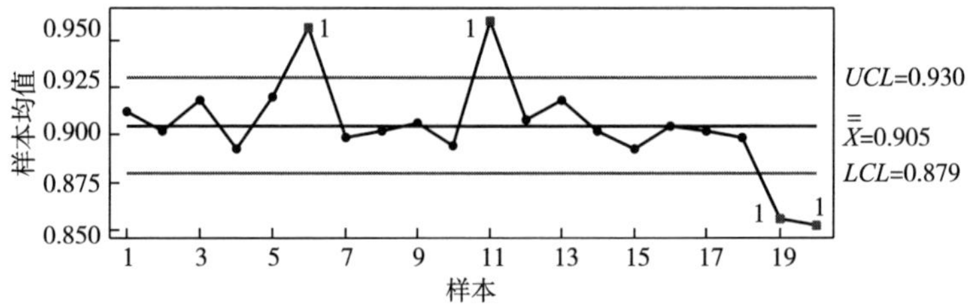

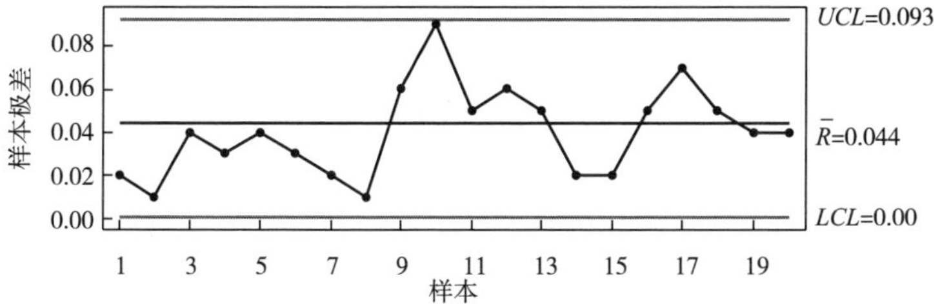

图 9-32　湿面条厚度的$\bar{X}$-R 控制图（上白粉挂面）

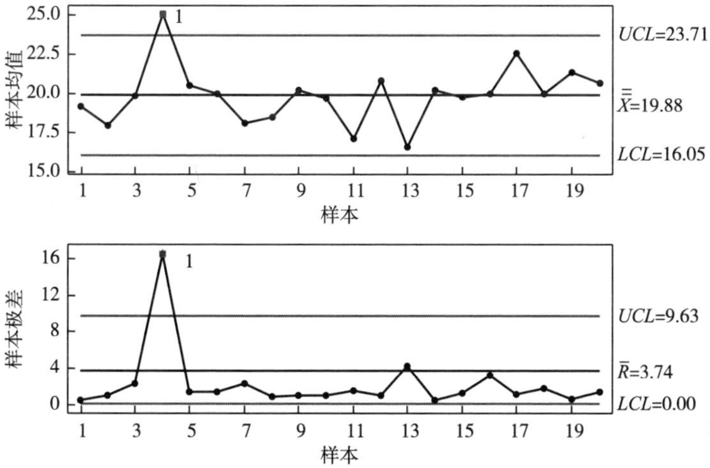

图 9-33　面条②水分含量的$\bar{X}$-R 控制图（上白粉挂面）

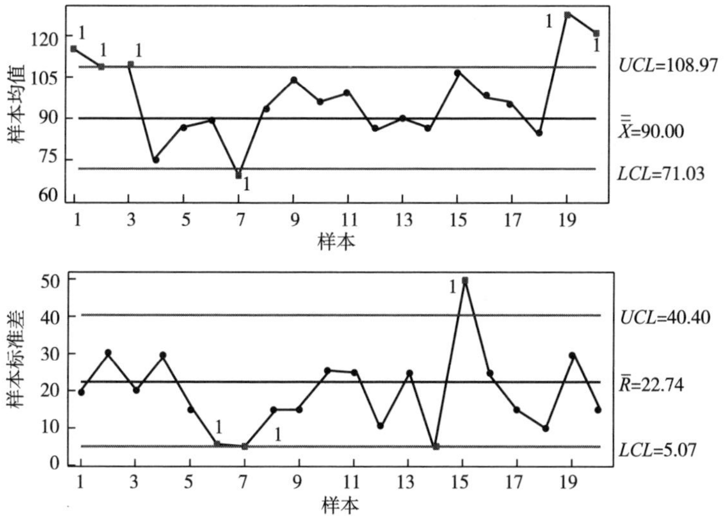

图 9-34　干面条抗弯强度的$\bar{X}$-S 控制图（上白粉挂面）

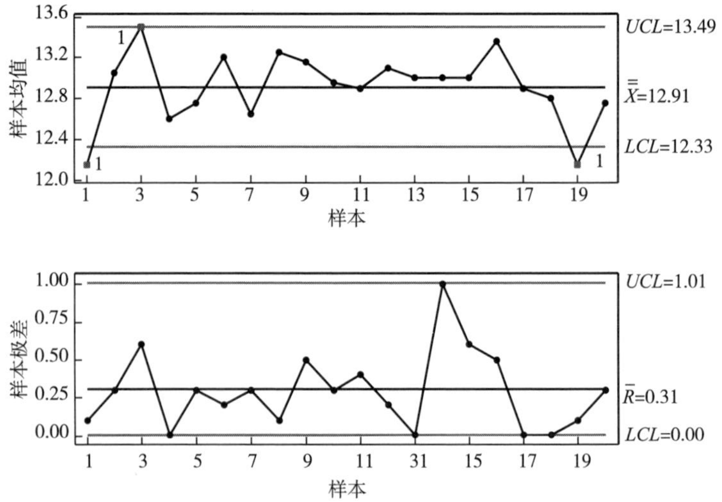

图 9-35　成品挂面水分含量的 $\bar{X}-R$ 控制图（上白粉挂面）

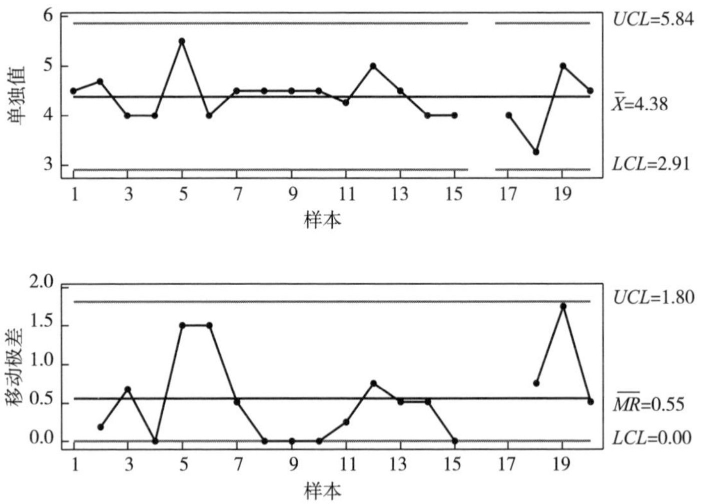

图 9-36　烹调时间的 $I-MR$ 控制图（上白粉挂面）

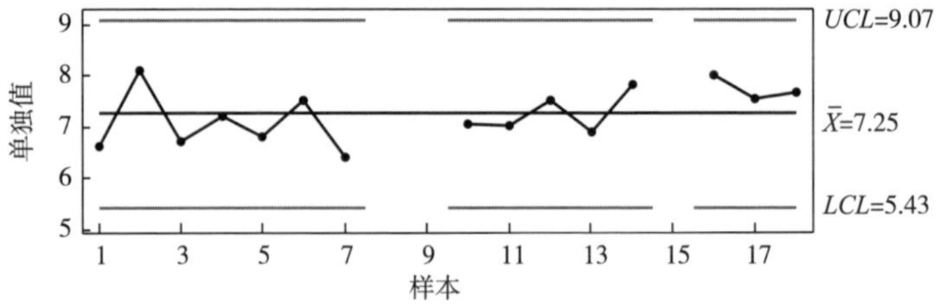

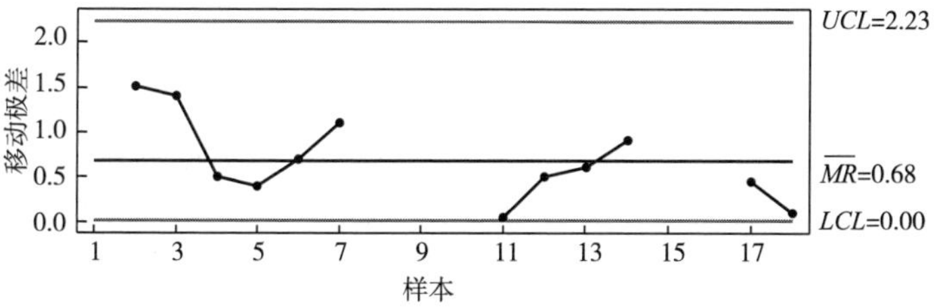

图 9-37　烹调损失的 *I*-*MR* 控制图（上白粉挂面）

（二）上白粉挂面生产工序过程能力分析

上白粉挂面生产过程中，面带③色泽 b* 值、面带③色泽 b* 值均匀度、挂面烹调时间及烹调损失均处于受控状态，计算其工序过程能力指数，如表 9-6 所示。面面带③色泽 b* 值均匀度工序能力指数为 0.4，小于 1，表明工序过程能力不足，不合格品率较高，需要改进。

表 9-6　工序过程能力分析

产品质量性状	C_p	C_{pk}	工序过程能力
面带③色泽 b* 值	1.39		充足
面带③色泽 b* 值均匀度		0.4	不足
挂面烹调时间		1.59	充足
挂面烹调损失	1.86		充足

注：C_p：过程能力指数；C_{pk}：综合过程能力指数。

（三）上白粉挂面工序质量波动因素分析

1. 面团水分含量及其均匀度的波动因素分析

参考特性要因图（图 9-19），查阅当天生产记录（工艺参数、原料特性、人员操作等），与相关人员交流讨论，筛选出异常波动可能的原因。第 3 天的面团水分含量低于控制下限，可能的原因有：工作人员在加水时水箱阀门控制不当，导致加水量减少；原料小麦粉水分含量较低；和面不均匀。第 7 天面团水分均匀度较差，明显超出控制上限，可能的原因有：添加了 40kg 湿面头；加水快，加水不均匀；和面时间较短。面团水分均匀度连续 10d（第 10~20 天）低于中心线，原因是第 7 天的数值较大，导致中心线偏高。

2. 面带①、面带②水分均匀度的波动因素分析

第16天面带①水分均匀度的原因主要是：湿面头在复合压延机处添加；和面结束后，清理和面机导致有干面粉落在了进入熟化机的面团上。第9天面带②水分均匀度差的可能原因：面带熟化时间过长，而面带熟化时的温度、相对湿度没有控制，导致水分的散失不均匀。

3. 面带③色泽及其均匀度的波动因素分析

第3、13、17、18、19、20天的面带③色泽及其均匀度均存在异常波动，面带③色泽 b^* 值均匀度工序能力不足，导致异常波动或工序能力不足的原因较复杂，可能包括：在复合压延机处添加了湿面头；小麦粉的灰分含量、蛋白质含量和色泽等品质性状不稳定；小麦粉中PPO活性较高；车间的温度、相对湿度未加控制，发生变化。

4. 湿面条厚度的波动因素分析

第6、11天的湿面条厚度高于控制上限，第19、20天低于控制下限，可能的原因有：存在停机操作，重新运行设备后的一段时间内，湿面条的厚度存在较大波动；刀片的磨损；最后一道压辊的辊距，在设备长时间运行后，发生了变化。

5. 面条②水分含量的波动因素分析

第4天的面条②水分含量高于控制上限，可能是由于进入烘房时湿面条的水分含量较高，而烘房Ⅰ区的相对湿度较大。

6. 干面条抗弯强度的波动因素分析

第1、2、3天的干面条抗弯强度均高于控制上限，可能的主要原因包括：小麦粉筋力不足；面团水分含量低，水分均匀度差；烘房各区的温度、相对湿度及运行时间不稳定。第19、20天得抗弯强度差的原因可能是因为加盐量降低至1.0%，而食盐可以增强面条的弹性。

7. 成品挂面水分含量的波动因素分析

第1天的挂面水分含量低于控制下限，主要是因为烘房Ⅳ区、Ⅴ区的相对湿度较低。第3天挂面水分含量高于控制上限，主要是因为烘房Ⅲ区的温度较低。第19天挂面水分含量低，是由于生产中调整加盐量，加盐量减少至1.0%，面条吸水性和保水性降低。

（四）上白粉挂面加工质量控制方法与参数

查阅文献资料，结合监控数据与实际生产经验，与企业技术人员、研究所专家反复讨论，总结出精粉挂面加工质量控制因素与控制方法。

表 9-7　上白粉挂面加工质量控制因素与方法

产品质量性状	控制的因素	控制方法与参数
面团水分含量	和面加水量	控制加水量，使面团最终含水量达到 31%~33%
	面团水分均匀度	见面团水分均匀度控制方法
面团水分均匀度	湿面头添加	湿面头添加量低于 5%，且应及时回收，在干面粉预混时少量多次添加到和面机里
	和面时间	控制和面时间，总时间应在 15min 左右
	加水操作	先启动和面机，后加水；控制加水速度，加水在 2min 左右完成
	小麦粉稳定时间	小麦粉稳定时间≥ 3.5min
面带①水分均匀度	湿面头添加方式	湿面头添加在和面机中，不要在复合压延机处添加
	和面机清理方法	和面机内壁、箱盖上的干面粉应及时清理，清理时应关闭和面机底部闸门，勿使干面粉落在熟化机上
面带②水分均匀度	面带熟化温度、相对湿度	适当控制面带熟化温度、相对湿度，温度 30℃、相对湿度 80% 比较合适
	面带熟化时间	面带熟化时间控制在 15min 左右
面带③色泽	小麦粉色泽、白度	确保小麦粉色泽的稳定性，小麦粉白度≥ 80
	蛋白质含量	小麦粉蛋白质含量控制在 12%~14%
	灰分含量	灰分控制在 0.5% 以下
	小麦粉中 PPO 的活性和黄色素含量	选择 PPO 的活性和黄色素含量低的小麦粉
	面带③色泽均匀度	见面带③色泽均匀度控制方法
面带③色泽均匀度	小麦粉中 PPO 的活性	选择 PPO 含量低、活性低的小麦粉
	弱化度	小麦粉弱化度范围 90~120FU
	湿面头的添加方式	湿面头少量多次添加在和面机中，不要在复合压延机处添加
	车间温度	车间温度应保持在 20℃以上，同时不宜超过 30℃

续表

产品质量性状	控制的因素	控制方法与参数
湿面条厚度	停机操作	减少停机现象，保持运行稳定性
	刀具	注意刀具的磨损情况，每次用后都要保养刀具
	压辊的压延比	监测湿面条厚度，如发现厚度超出目标范围，及时调节压辊的压延比
面条②水分含量	烘房Ⅰ区、Ⅱ区的温度、相对湿度	Ⅰ区：温度25℃，相对湿度85%；Ⅱ区：温度40℃，相对湿度80%
	烘房Ⅰ区、Ⅱ区运行时间	确保烘房Ⅰ区、Ⅱ区的运行时间的稳定，尽量减少停机现象
成品挂面水分含量	烘房运行时间	确保烘房的运行时间的稳定，尽量减少停机现象
	烘房温度、相对湿度	Ⅰ区：温度25℃，相对湿度85%；Ⅱ区：温度40℃，相对湿度80%；Ⅲ区：温度43℃，相对湿度75%；Ⅳ区：温度40℃，相对湿度65%；Ⅴ区：温度30℃，相对湿度55%
	面条含盐量	固定面条加盐量
挂面抗弯强度	烘房运行时间	确保烘房的运行时间的稳定，尽量减少停机现象
	烘房温度、相对湿度	Ⅰ区：温度25℃，相对湿度85%；Ⅱ区：温度40℃，相对湿度80%；Ⅲ区：温度43℃，相对湿度75%；Ⅳ区：温度40℃，相对湿度65%；Ⅴ区：温度30℃，相对湿度55%
	面团水分含量及均匀度	见面团水分含量及均匀度控制方法
	稳定时间	应确保小麦粉稳定时间≥ 3.5min
	面筋指数	面筋指数≥ 85
	面条含盐量	选择合适的面条加盐量，2% 的加盐量可以形成光滑整齐的面筋结构，提高面条弹性

四、挂面生产质量关键控制点

通过对精粉挂面和上白粉挂面生产过程中的质量波动和工序过程能力进行分析，确定存在异常质量波动的工序、异常波动点和过程能力不足的工序，分析其波动原因，提出控制方法及控制参数，如表 9–4、表 9–7 所示。将表 9–4、表 9–7 的主要控制因素、方法和参数综合、整理，结合实际生产，提出 4 个挂面加工质量关键控制点，如表 9–8 所示。

表 9-8　挂面生产质量关键控制点

序号	工序名称	控制因素	控制方法与参数
1	小麦粉原料	加工品质性状	灰分含量≤ 0.5%，白度≥ 80，蛋白质含量 12%~14%，湿面筋含量 28%~34%，粉质稳定时间≥ 4.0min，降落数值 300~400mL
2	和面	加水量	固定加水量，保证面团最终含水量达到 31%~33%。
		加水方式	先启动和面机，后加水；控制加水速度，加水在 2min 左右完成
		和面水温	控制在 25~30℃
		和面时间	快速和面时间应不低于 120s，慢速和面时间应不低于 600 s，总时间应在 15min 左右
		干面头的添加	干面头回机量不得超过 10%，干面头粉必须通过 CQ20 筛
		湿面头的添加	湿面头在干粉预混时，少量多次添加在和面机中，且不要超过 5%
		和面机的清理	和面机内壁、箱盖上的干面粉应每锅清理，清理时应关闭和面机底部闸门，勿使干面粉落在熟化机上
3	切条上架	湿面条厚度	每 15min 利用电子游标卡尺检测上架湿面条厚度 1 次，如发现厚度超出目标范围，及时调节压辊的压延比
		刀具	注意刀具的磨损情况，每次用后都要保养刀具
		上架挂杆	持续密切注意挂面上架进入烘房是否顺利，减少挂杆掉落现象
4	干燥	下架干面条水分	每 10min 检测干面条水分 1 次，目标水分含量≤ 14.5%
		烘房温度、相对湿度	每 30min 检测烘房温度、相对湿度记录各 1 次，及时通过导油管和风机来调节温度、相对湿度，保持温度、相对湿度的稳定，建议采用数控或连动方法 烘房各区目标温度、相对湿度：Ⅰ区：温度 25℃，相对湿度 85%；Ⅱ区：温度 40℃，相对湿度 80%；Ⅲ区：温度 43℃，相对湿度 75%；Ⅳ区：温度 40℃，相对湿度 65%；Ⅴ区：温度 30℃，相对湿度 55%
		传动系统转速	控制烘房转速，确保烘房运行稳定，尽量减少停机现象

五、控制效果评估

进一步完善质量控制计划，最终形成质量管理指南。根据讨论分析得到的质量控制方法制定质量改进计划，并在上白粉挂面生产中执行、实施，通过3个月对生产过程的持续改进，于2011年7月13日—7月23日对关键控制点进行监测，评估控制效果。将第1次监测中未处于统计控制状态的异常点加以剔除，与第2次监测的10d数据共同做控制图分析。

（一）和面工序加工质量控制效果评估

图9–38、图9–39为和面后面团水分含量及其水分均匀度的控制图。从图9–38的$\bar{X}-R$控制图看，$\bar{X}$=31.59%，中心线比图3–22上调了0.08%，上、下限略微收缩；从样本点的分布来看，第1次的监测值（第1~19天）有2个低于控制下限，而第2次监测值（第20~29天）的10个样本点均位于控制限内，且随机排列，没有明显的规律和倾向。证明改进后的面团水分含量处于受控状态。

从图9–39的I控制图看，$\bar{X}$=0.46%，中心线比图9–23下调了0.52%，控制上限下调了2.85%，控制要求水平明显提高；从样本点的分布来看，29个样本点的均处于统计受控状态；与第1次监测值（第1~19天）的分布情况相比，第2次监测值（第20~29天）的10个样本点分布更加稳定，波动更小，且数值更低。证明改进后的面团水分分布更均匀，稳定性更好。

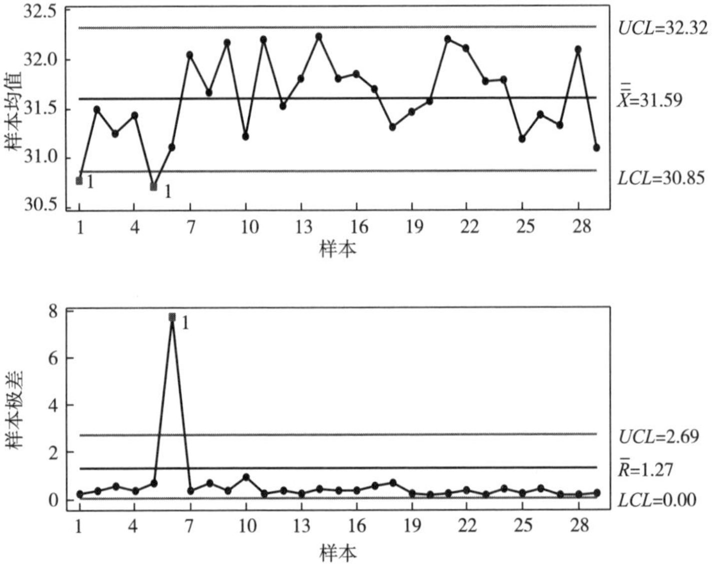

图9–38 面团水分含量的$\bar{X}-R$控制图（改进后上白粉）

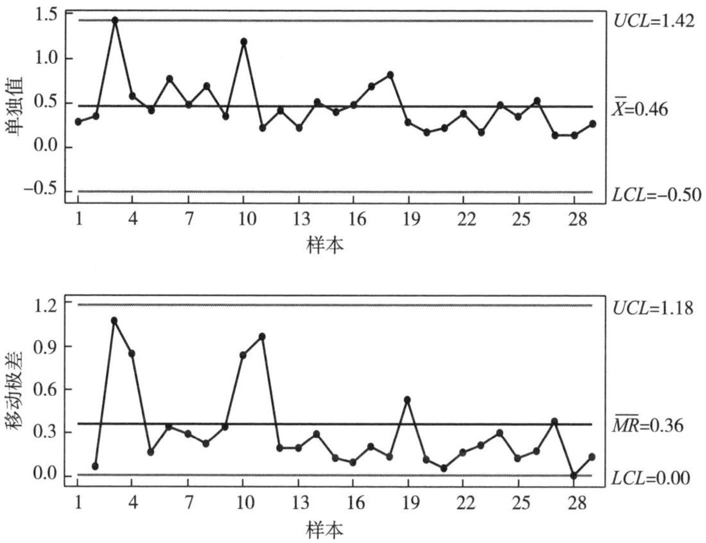

图 9-39 面团水分均匀度的 *I-MR* 控制图（改进后上白粉）

对改进前后和面工序过程能力进行分析对比（表 9-9）。改进后面团水分含量平均值提高，更接近理论面团最佳含水量（35%）（雷激等，2004；张艳等，2007；叶一力等，2010）；而标准差降低，波动降低；工序能力由二级提高到一级，不合格品率明显降低。改进后面团水分均匀度平均值降低，水分分布更均匀；标准差明显降低；工序能力有四级迅速提高到一级，不合格品率大幅下降。

表 9-9 改进前后的和面工序过程能力分析

产品质量性状	平均值	标准差	过程能力指数（C_p/C_{pk}）	工序能力
改进前面团水分 /%	31.51	0.48	1.09	二级
改进后面团水分 /%	31.65	0.40	1.34	一级
改进前面团水分均匀度 /%	0.55	0.30	0.46	四级
改进后面团水分均匀度 /%	0.28	0.14	1.60	一级

（二）切条上架工序加工质量控制效果评估

图 9-40 为切条上架后湿面条厚度的控制图。从图 9-40 的 $\bar{X}$ -*R* 控制图看，$\bar{X}$ =0.899，中心线比图 9-32 上调了 0.06%，上下限略微收缩；从样本点的分布来看，第 2 次监测值（第 17~26 天）的 10 个样本点仅有一个落在控制限外。改进后，

异常波动点数量从 4/20 减少至 1/10。改进后，湿面条厚度标准差降低，过程能力指数提高，工序能力由三级提高到二级（表 9-10）。

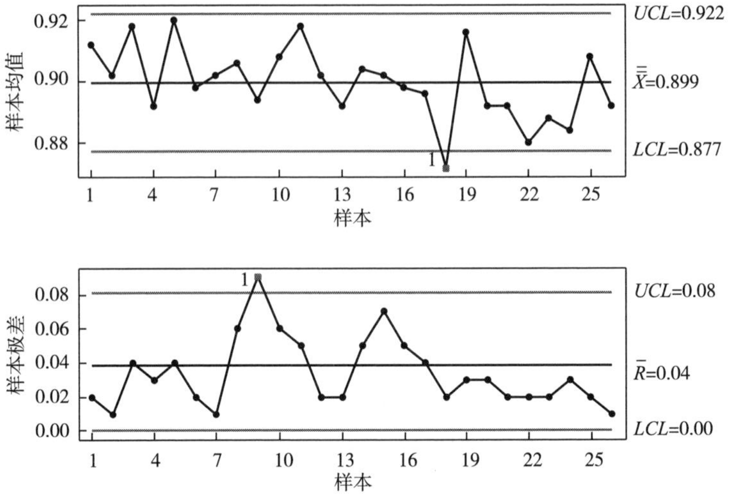

图 9-40　湿面条厚度的$\bar{X}-R$ 控制图（改进后）

表 9-10　改进前后的切条工序过程能力分析

产品质量现状	平均值	标准差	过程能力指数（C_p/C_{pk}）	工序能力
改进前湿面条厚度 /mm	0.90	0.025	0.99	三级
改进后湿面条厚度 /mm	0.89	0.015	1.27	二级

（三）干燥工序加工质量控制效果评估

图 9-41、图 9-42 为干燥后干面条抗弯强度与成品挂面水分含量的控制图。从图 9-41 $\bar{X}$ –S 控制图的样本点分布来看，中心值和上下限值与图 9-34 相比，无明显变化；24 个样本点均处于统计受控状态，改进后未出现异常波动点；与第 1 次监测值（第 1~14 天）的分布情况相比，第 2 次监测值（第 15~24 天）的 10 个样本点分布更加稳定，波动更小。从图 9-42 看出，28 个样本点均处于统计受控状态，改进后未出现异常波动点。

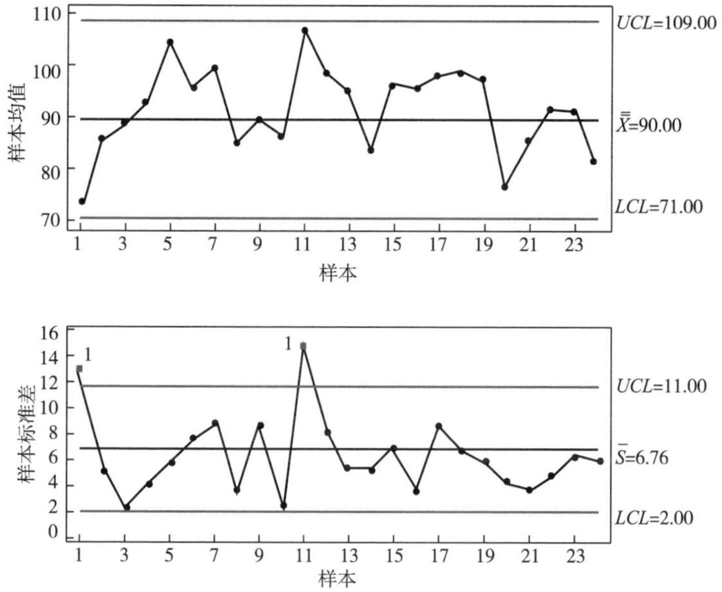

图 9-41　干面条抗弯强度的 $\bar{X}-S$ 控制图（改进后）

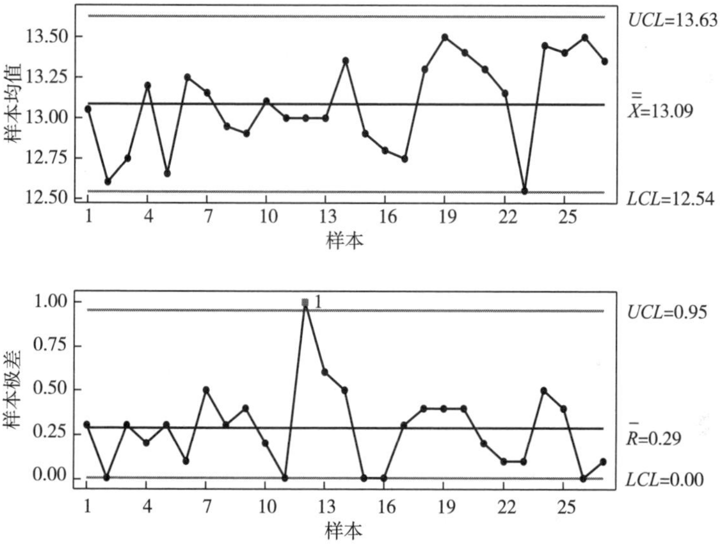

图 9-42　成品挂面水分的 $\bar{X}-R$ 控制图（改进后）

对改进前后干燥工序过程能力进行分析对比（表 9-11）。改进后干面条抗弯强度平均数值降低，表示抗弯性能提高；标准差明显降低，波动降低；工序能力由四级提高到三级。改进后成品挂面水分含量的标准差略有降低；工序能力指数有所提高，而工序能力等级不变。

表 9-11 改进前后的干燥工序过程能力分析

产品质量性状	平均值	标准差	过程能力指数（C_p/C_{pk}）	工序能力
改进前干面条抗弯强度 /mm	96.87	15.20	0.39	四级
改进后干面条抗弯强度 /mm	91.15	7.48	0.82	三级
改进前成品挂面水分含量 /%	12.91	0.34	0.80	三级
改进后成品挂面水分含量 /%	13.29	0.30	0.95	三级

第四节 讨论与小结

一、讨论

本章在确定监测点时，选择面团水分含量及水分均匀度作为和面工序的质量控制指标，面带①水分均匀度作为面团熟化工序的质量控制指标，面带②水分均匀度作为面带熟化工序的质量指标，面带③色泽及其均匀度作为压延工序的质量指标，湿面条厚度作为切条上架工序的质量指标，干面条的抗弯强度、成品挂面水分含量作为烘干工序的质量指标，成品挂面烹调时间及烹调损失作为挂面烹调特性的综合指标。这些质量控制指标是根据各工序的目的、各工序产品的重要质量性状以及取样的方便性和可行性综合确定的，还可以进一步调整和完善。

影响质量波动的因素包括原料、设备、工艺、环境、人员操作及检测手段。研究结果表明，面条生产过程中的质量波动主要来源于原料小麦粉和生产工艺的波动，以及不规范的人为操作；小麦粉的稳定时间和灰分含量，和面的方式和时间，烘房各区的温度、相对湿度和运行时间及停机操作是主要的影响因素。控制质量波动，一方面要确保小麦粉品质稳定且适合面条加工，主要是保证一定的湿面筋含量和稳定时间；另一方面要选择合适的工艺，主要是和面和烘干两个工序的设备和参数；同时，要加强人员培训与管理，规范操作，减少人为失误。研究分析得出的这些结果并不是绝对的，可能还存在别的影响因素和更完善的质量控制方法，还需要进一步的分析研究；控制方法和参数的制定是在前人研究成果的基础上，结合了生产人员的实践经验得出的，还有一些因素的影响机制和控制参数并不明确，例如，干面头的粉碎粒度及添加量对和面效果及面条品质的影响，以及和面速度和和面时间的组合及其与小麦粉的适用性，均未有定论。质量改进是一个持续、循环的过程，需要在生产实践中不断地分析和评价现状，寻找可能存在的问题和解决的办法，来不断地完善质量控制方案，因此本章得到的结果必须要不断地改进和完善，才能更好地在实际生产中发挥作用。

从研究结果可以看出，干燥工序的工序能力较差，导致面条②水分含量、干面条抗弯强度和成品挂面水分含量的质量波动较大，即使是在改进后，工序能力仍未达到理想水平。干燥是挂面生产过程的关键工序，它不仅对挂面质量起着决定性的影响，而且和厂房建造、设备投资、能源消耗、产量以及成本等一系列经济指标密切相关；对干燥工艺的研究涉及烘房结构、区域规划、温度和相对湿度控制、通风系统、传动系统、供热系统等，考虑因素复杂，国内对其研究比较薄弱，缺乏定量的参数和模型，需要进一步开展深入、系统的研究。

二、小结

（1）确定小麦粉原料、和面工序、切条上架工序和干燥工序为挂面生产过程中的质量关键控制点。

（2）评估 SPC 应用控制效果，结果表明，挂面生产过程中的关键工序质量波动降低，工序能力提高，加工质量显著改善。

第十章

挂面生产 HACCP 安全管理体系

第一节　产品描述及预期用途说明

一、产品描述

（1）原料　小麦粉。

（2）辅料　杂粮粉、鸡全蛋粉、食用盐、水。

（3）包装材料　塑料袋、包装纸、塑料膜、纸箱。

二、终产品描述

挂面是以小麦粉添加盐、碱、水为原料，经和面、压延、切条、悬挂干燥后切制成一定长度的干面条。金沙河挂面以优质小麦粉为原料，经过和面、熟化、压延、切条、烘干、计量包装等加工过程制成，无任何添加剂。普通挂面水分含量≤ 14.5%，花色挂面水分含量≤ 13.5%。产品内包装用食品级塑料袋、包装纸；外包装用塑料袋或纸箱，塑料胶带封口。应置于阴凉、通风、干燥处保存，保质期 12 个月。用符合食品卫生要求的集装箱常温运输。

消费者为一般公众，食用前需进行充分加热的蒸煮和烹饪。

三、原辅料及包装材料描述

小麦粉的农药残留、重金属含量、生物毒素含量合格，符合《食品安全国家标

注：本章 HACCP 安全管理体系中，凡是不注明日期的标准文件，表示采用最新版本。

准　粮食》（GB 2715）；无任何添加剂，水分含量≤ 14.5%；常温保存，温度、相对湿度在受控范围内。

杂粮粉卫生符合 GB 2715；常温保存。

鸡全蛋粉卫生符合《食品安全国家标准　蛋与蛋制品》（GB 2749）；塑料袋包装，外装纸箱；冷藏保存。

食用盐卫生符合《食品安全国家标准　食用盐》（GB 2721）；聚乙烯编织袋包装到工厂验收；常温保存。

生产用水符合《生活饮用水卫生标准》（GB 5749）。

包装材料卫生符合《包装用聚乙烯吹塑薄膜》（GB/T 4456）、《包装用塑料复合膜、袋干法复合、挤出复合》（GB/T 10004）、《食品安全国家标准　食品接触用纸和纸板材料及制品》（GB 4806.8）；包装标识符合《食品安全国家标准　预包装食品标签通则》（GB 7718）。

第二节　挂面生产工艺流程

挂面生产工艺流程图见图 9-1。以下为加工流程说明：

（1）小麦粉　小麦粉是生产挂面的主要原料。小麦粉的质量指标要符合《小麦粉》（GB 1355）要求。验收时依照国家标准进行验证（验证方式采取索证 + 检验），验证合格办理入库手续。

（2）辅料　辅料应符合产品质量标准和食品卫生要求及挂面生产工艺要求，食品添加剂和强化剂应按照《食品安全国家标准　食品添加剂使用标准》（GB 2760）和《食品安全国家标准　食品营养强化剂使用标准》（GB 14880）的规定执行。

（3）配水　严格按照配方表进行和面用水（水质符合 GB 5749 要求）的配制。

（4）和面　将配制好的各种原辅材料，根据生产需要加入适量的水在和面机内进行混合搅拌，形成散碎的面团，面团要求水分均匀，色泽一致，不含生粉，具有良好的可塑性和延伸性。和面质量的好坏，直接影响其他工序的操作和产品质量，是挂面生产的重要环节。要求面团的含水量不得低于 30%，干面头回机量不得超过 10%。

（5）面团熟化　熟化是使面团进一步成熟，水分得到均匀分布，面筋充分形成，改善面团工艺性能的必备工序。面团熟化应在相对静止的条件下进行，熟化时间≥ 10min，熟化后面团不结成大块，不升高温度。

（6）压延　压延是把经过熟化的面团，通过多道压辊，逐步压成符合规定厚度的面带，压延对挂面的外观和内在质量都有直接关系，是使挂面成形的重要环节。初压面带的厚度一般不低于 4mm（两片复合前相加厚度不低于 8mm），以保证面带最终承受 8~10 的压延倍数，使面带密实、光洁。面机的线速度与挂面产量成正比，一般规定末道压辊线速度不大于 0.6 m/s，应保证产品质量。面团进入压辊后，要逐道调整轧距，直至面片达到规定厚度；运行均衡，不余不绷。面片要求光滑、紧密、厚薄均匀。无孔洞，无毛边。对不合格的面片，要及时回机。在末道压辊之前，要设置磁选装置，以清除面片中的金属物。

（7）切条上架　切条是挂面的成型工序，直接关系到挂面产品的外观质量。要求切出的面条平整光滑、无毛刺、无疙瘩、无并条、无油污。

（8）烘干　湿面条在热源的作用下逐渐脱水定型，保持良好的烹调性能，成为含水量在 14.5% 以下的干面条。已烘干的挂面要求平直光滑、不酥、不潮、不脆，有良好的烹调性和一定的抗弯强度。面条烘干要根据不同品种、不同季节、不同天气情况，灵活控制各个烘区的温度、相对湿度，确保挂面烘干质量。挂面烘干时间是保证挂面质量的一个主要条件，应不低于 3.5h。烘干时间过短容易造成挂面“外干内潮”和表里收缩不一，甚至产生酥条，烘干时间过长则降低生产效率和效益。挂面在烘房中的运行情况，要经常进行检查，落杆要及时摆正，每班清扫烘干室断碎面条 2~3 次，防止酸败发霉。

（9）切条　烘干的面条在滚刀切条机的作用下被截成标准长度的面条以便于挂面计量、包装。

（10）计量包装　包装人员根据要求进行计量包装［净含量符合《食品安全国家标准　预包装食品标签通则》（GB 7718）要求］。

（11）贮藏　包装好的产品，操作人员用推车运进专用储存库，按品种、规格分别打垛堆放，垛位上挂牌标识。

第三节　危害分析

挂面在生产过程中可能发生的各种危害（表 10–1）：

表 10-1 挂面生产的危害分析表

加工工序	识别被引入、控制或增加的潜在危害	潜在危害是否显著	潜在危害是否显著的判定依据	用于预防显著危害发生的措施	关键控制点（是/否）
原料小麦粉验收	生物性危害：致病菌污染、虫卵污染	是	小麦粉在生产或贮运过程中被污染，会导致挂面产品不合格，虫卵会导致挂面产品在贮藏期间生虫	（1）依据小麦粉的卫生指标规定，拒绝不合格小麦粉投入生产； （2）建立抽样和留样检测制度； （3）保证运输工具的清洁卫生，贮藏环境和条件适当	是
	化学性危害： 禁用和限用农药/有害物质、农药残留（DDT、多氯联苯）；赤霉毒素、黄曲霉毒素；重金属超标；过氧化苯甲酰	是	小麦粉不合格会导致挂面产品不合格，没有后续步骤消除危害	（1）制定严格的小麦粉接收标准； （2）建立样品抽样检测制度； （3）建立原料小麦粉追溯制度； （4）保证运输工具的清洁卫生，贮藏环境和条件适当	是
	物理性危害：外源性异物	是	在贮藏过程中可能发生污染，导致危害发生	通过检查包装完整性控制	否
原料入库贮藏	生物性危害：微生物繁殖、虫害	是	堆放不合理或贮藏条件不当，致使微生物繁殖或发霉变质	合理堆放，控制贮藏条件，保持环境的干燥、通风，以及适宜的温度、湿度	是
	化学性危害：赤霉毒素、黄曲霉毒素	是	霉菌在小麦粉贮藏过程中条件适宜时会产生毒素	控制适宜的贮藏条件，建立抽样检测制度	是
	物理性危害：外源性异物	是	在贮藏过程中可能发生污染，导致危害发生	通过检查包装完整性控制	否

辅料（食用盐、杂粮粉、鸡蛋粉、生产用水）验收	生物性危害：致病菌污染	是	辅料不合格导致挂面产品不合格	（1）选择质量稳定的辅料供应商，拒收不合格辅料； （2）定期抽样送官方检测机构检测； （3）建立辅料追溯制度； （4）保证运输工具的清洁卫生，贮藏环境和条件适当	是
	化学性危害：有害化学物	是	辅料杂粮中使用人工化学染色剂，非食品级的盐、水、添加剂的使用均会造成辅料不合格，从而导致挂面产品不合格，且没有后续步骤消除此危害	（1）制定严格的辅料接收标准； （2）建立样品抽样和留样检测制度； （3）建立辅料追溯制度； （4）保证运输工具的清洁卫生，贮藏环境和条件适当	是
	物理性危害：外源性异物	是	在贮藏过程中可能发生污染，导致危害发生	通过检查包装完整性控制	否
面团熟化	生物性危害：致病菌污染	否	由卫生标准操作程序（SSOP）、良好生产规范（GMP）控制		
	化学性危害：无	否			
	物理性危害：金属碎屑	是	机械磨损、锈蚀或零部件脱落	严格按照 SSOP 标准要求	否

续表

加工工序	识别被引入、控制或增加的潜在危害	潜在危害是否显著	潜在危害是否显著的判定依据	用于预防显著危害发生的措施	关键控制点（是/否）
复合	生物性危害：致病菌污染	否	由 SSOP、GMP 控制		
	化学性危害：无	否			
	物理性危害：外源性异物	是	机械磨损、锈蚀，全过程暴露在外部，容易混入异物	严格按照 SSOP 标准要求	否
面带熟化	生物性危害：无	否			
	化学性危害：无	否			
	物理性危害：无	否			
压延	生物性危害：致病菌污染	否	由 SSOP、GMP 控制		
	化学性危害：无	否			
	物理性危害：外源性异物	是	机械磨损、锈蚀，全过程暴露在外部，容易混入异物	（1）严格按照 SSOP 标准要求； （2）末道压延设置磁选装置； （3）工作人员及时清理面片表面异物	是
切条上架	生物性危害：无	否			
	化学性危害：无	否			
	物理性危害：无	否			

烘房干燥	生物性危害：微生物繁殖	是	（1）温度、湿度和烘干时间控制不当，导致挂面产品水分超标，产品在后续贮藏、运输过程中变质、生虫； （2）烘房空气、设施不洁，导致微生物污染； （3）碎断面酸败发霉	（1）严格控制烘房的温、湿度及运行时间； （2）严格按照 SSOP 标准要求； （3）及时清理碎断面条	是
	化学性危害：无	否			
	物理性危害：外源性异物	否	由 SSOP、GMP 控制		
下架切断	生物性危害：无	否			
	化学性危害：无	否			
	物理性危害：无	否			
计量包装	生物性危害：致病菌污染	否	由 SSOP、GMP 控制		
	化学性危害：化学品污染	是	包装材料不合格，标识不正确造成产品的不合格	（1）选择包装质量合格稳定的供应商； （2）严格检查包装标识是否与产品一致； （3）建立包装的抽检制度	是
	物理性危害：外源性异物	否	由 SSOP、GMP 控制		

续表

加工工序	识别被引入、控制或增加的潜在危害	潜在危害是否显著	潜在危害是否显著的判定依据	用于预防显著危害发生的措施	关键控制点（是/否）
成品贮运	生物性危害：微生物繁殖、虫害	是	由贮藏、运输过程中，温度、湿度控制不当，造成产品霉变、生虫	（1）严格控制贮藏库的温度、湿度，防止贮运死角发生； （2）选择合适的运输工具； （3）严格按照 SSOP 标准要求	是
	化学性危害：无				
	物理性危害：外源性异物	是	包装破损导致外源性异物混入，可能发生污染，导致危害发生	（1）严格按照 SSOP 标准要求； （2）检测包装的完整性	是

一、物理性危害

小麦粉、杂粮粉、鸡全蛋粉等原辅料在贮藏、运输过程中可能会由于包装破损等造成金属、石块等外源性异物的混入，产品在复合、熟化、压延、烘干、包装等加工过程中零部件脱落、机械磨损、锈蚀导致金属碎屑等外源性异物的混入，设备在检修中由于操作人员管理不当而将螺钉等杂物混入，以及操作人员的发屑、配饰等脱落混入产品。

二、化学性危害

小麦粉、杂粮粉、鸡全蛋粉等原辅料中可能存在禁用和限用农药/有害物质、农药残留超标，如六六六（BHC）、滴滴涕（DDT）、多氯联苯（PCB）等；重金属含量超标；微生物毒素超标，如黄曲霉毒素、脱氧腐镰刀菌烯醇（DON）毒素、赭曲霉毒素等；滥用或超标使用添加剂，如增白剂、强氧化剂等，杂粮中使用人工化学着色剂。小麦粉、杂粮在贮藏过程中可能使用化学杀虫剂或熏蒸剂，导致有毒化学品的残留。非食品级的用盐、用水可能存在有害物超标，以及包装材料、运输器具不合格等均可能导致化学污染。

三、生物性危害

小麦粉、杂粮、鸡全蛋粉等原辅料在贮藏、运输中受微生物等的污染，如沙门菌、大肠杆菌、霉菌、寄生虫、昆虫污染等。制面过程中残留在设备中的物料及回机面头可能会发生酸败，导致微生物繁殖。挂面在烘干过程中温度、相对湿度及烘干时间控制不当造成水分超标或面条酸败；在贮运过程中贮藏条件不当，这些均可导致微生物繁殖和致病菌滋生。生产用水、食用盐、各种添加剂未达到国家相应标准，操作人员、生产前后设备和器具清洗消毒不彻底，包装材料及运输器具不合格均可能导致致病菌污染。

第四节 挂面生产质量与安全控制方案分析

表 10-2 挂面生产的 HACCP 计划

关键控制点（CCP）	显著危害	关键限值	监控				纠偏措施	记录	验证
			对象	方法	频率	人员			
原料验收	致病菌污染，重金属、添加剂、农药残留等有害物超标	小麦粉符合 GB 2715—2016、《食品安全国家标准 食品中真菌毒素限量》（GB 2761—2017）、《食品安全国家标准 食品中污染物限量》（GB 2762—2017）、《食品安全国家标准 食品中农药最大残留限量》（GB 2763—2019）规定； Pb≤0.2mg/kg； Cd≤0.1mg/kg； Hg≤0.02mg/kg； As≤0.5mg/kg； 苯并［a］芘≤5μg /kg； 脱氧雪腐镰刀菌烯醇≤1000μg /kg； 黄曲霉毒素 B1≤5μg /kg； 赭曲霉毒素 A≤5μg /kg； 玉米赤霉烯酮≤60μg /kg； BHC、DDT、过氧化苯甲酰、溴酸钾和甲醛次硫酸氢钠不得检出	小麦粉的检测报告	验查小麦粉成品的检测报告	每车	原料验收技术人员	检测不合格小麦粉拒绝入库、投入使用，并报采购部和品管部	每车原料小麦粉接收检验记录、小麦粉抽检记录、纠偏记录	品管部审核每车验收记录、原料抽检记录；检验器具每年进行校验
			小麦粉	按 GB 1355—1986 抽检小麦粉中致病菌、农残、重金属、添加剂等各项指标	每月				

原料入库贮藏	微生物繁殖，毒素污染，虫害	库房温度应≤25℃，相对湿度应≤60%	库房温湿度记录仪	目测温湿度记录仪；库房是否漏雨，有虫鼠活动	每 2h 目测检查	库管员	（1）通过空调、通风等将温度降至 25℃以下，相对湿度降至 60%以下；（2）封存或隔离被污染小麦粉；按离地离墙、先进先出、后进后出原则重新堆放小麦粉	小麦粉入库记录，仓库温度、湿度记录，纠偏记录	库管员每天进行库存情况检查和记录；品管部每周审查纠偏措施记录
			原料堆放及标识；小麦粉包装	检查原料是否合理堆放及正确标识，检查小麦粉包装是否有漏带、破损现象	每车检查 1 次				
辅料验收	致病菌污染，有害物超标	食用盐卫生符合 GB 2721 标准；杂粮卫生符合 GB 2715 标准；鸡全蛋粉卫生符合 GB 2749 标准；生产用水符合 GB 5749 标准	检测报告	验查检测报告	每批，水质每月检测 1 次	辅料验收人员	（1）拒绝不合格辅料入库和投入使用；（2）停止使用不合格水质，并进行水处理	每批次辅料供应商信息记录和检测报告记录，辅料验收记录，辅料抽检记录，纠偏记录	品管部审核每批辅料供应商和验收记录，以及辅料抽检记录；检验器具每年进行校验
			辅料	定期抽取各辅料送官方检测机构检测	每季度抽检 1 次				

续表

关键控制点（CCP）	显著危害	关键限值	监控				纠偏措施	记录	验证
			对象	方法	频率	人员			
压延	异物引入	面片表面干净无杂物	面片	目测	每 10min	操作工、质检员	（1）及时清理被污染的面片；（2）定期清理磁选器，发现问题立即停机调整	磁选设备使用记录、样品检测记录、纠偏记录	品管部定期审核纠偏记录，每班检查磁选器效果是否达到规定要求及相关记录
		无磁性金属物	磁选器	检查磁选器的除杂效率	每天				
干燥	微生物繁殖	Ⅰ区：温度 25℃，相对湿度 85%；Ⅱ区：温度 40℃，相对湿度 80%；Ⅲ区：温度 43℃，相对湿度 75%；Ⅳ区：温度 40℃，相对湿度 65%；Ⅴ区：温度 30℃，相对湿度 55%。最终产品水分含量≤14.5%；烘房地面上没有变质面	温湿度记录仪；最终挂面水分含量	目测检查烘房温湿度显示仪；快速水分测定仪测定	每 30min	操作工、质检员	及时通过导油管和风机来调节温度、湿度，保持温度、湿度的稳定；通过调节传输链的运行速度控制面条在烘房的运行时间；烘房地面发现变质面，及时清除，且不能作为干、湿面头回机	车间生产记录和操作人员记录，抽检记录，纠偏记录	品管部审查每批生产记录、抽检记录、纠偏记录
			烘房地面断碎面清扫情况	目测检查	每 2h				

计量包装	化学品污染	包装材料卫生应符合 GB 4456、GB/T 10004、GB 4806.8； 包装标识应符合 GB 7718	包装的检测报告	验查供应商的合格证明和检测报告；检查包装标识与成品是否一致	每批	质检员	（1）拒绝使用不合格的包装； （2）包装标识与成品不一致时，立即更换	包装供应商合格证明和检测报告记录，包装送检记录，纠偏记录	品管部定期审查供应商的合格证明和检测报告；定期抽样送官方检测机构检测记录和纠偏措施记录
				定期抽取包装，送官方检测机构检测	每季度抽检 1 次				
成品贮运	致病菌污染，虫害，异物	挂面符合 LS/T 3212 规定；库房温度应≤25℃，湿度应≤60%	成品的检测报告	验查成品的检测报告	每车	库管员、品管员	（1）不合格成品拒绝入库； （2）通过空调、通风措施控制库房温度≤25℃，湿度≤60%；捕鼠器重新正常工作； （3）受污染产品禁止出库；按“离墙离地、先进先出、后进后出”原则重新堆放；运输车辆存在严重卫生问题，不予装货	每批成品检验报告记录，成品出入库记录，仓库温度、湿度记录，纠偏记录	库管员每天进行库存情况检查和记录；品管部审查每车成品检测报告记录、出入库记录、纠偏措施记录
			库房温湿度记录仪	目测检查库房的温湿度记录仪、虫鼠害情况	每 2h				
			产品堆放和标识状况；贮藏和搬运过程；运输车辆卫生状况	检查产品堆放和标识是否正确；检查贮藏和搬运过程中成品包装是否有破损情况；检查运输车辆是否清洁卫生	每车				

第五节 讨论与小结

开展挂面生产工序能力调查，分析生产过程中的质量波动及其波动原因，提出相应的控制方法，综合确定了挂面生产过程中的 4 个质量关键控制点，分别为小麦粉原料、和面、切条上架和干燥；对挂面生产过程进行危害分析，形成 HACCP 安全控制计划，确定了 7 个安全关键控制点，分别为原料验收、原料入库贮藏、辅料验收、压延、干燥、计量包装和成品贮运；质量控制方案和 HACCP 安全控制方案共同构成了挂面生产质量与安全控制方案。质量控制方案以统计过程控制（SPC）为工具，分析工序能力，掌握生产过程的质量状态，并对其实施动态控制，目的是保证工序过程始终处于受控状态，使生产过程能持续稳定地生产合格产品；HACCP 安全控制方案基于认可的原理，以体系的方法进行食品安全管理，目的是要确定食品供应链任何环节有可能发生的危害，并对其进行控制以防止危害的发生。质量控制方案着重于控制产品的感官品质和理化质量，HACCP 安全控制方案着重于产品的安全性，二者都是以预防为原则，来保证产品的质量与安全。

通过分析对比质量与安全关键控制点，可以看出，原料的选择和干燥工序的控制是整个控制方案的重点和难点。关于面条用小麦粉的研究结果还不是十分清楚，面条用小麦粉的关键品质指标及其适宜的范围还有待进一步研究。目前，多数挂面生产企业控制小麦粉品质依据的是 LS/T 3202—1993，而此标准要求的品质指标较少，且范围较为宽泛，已不能适应现代挂面生产的需求；同时，小麦粉的安全性对最终挂面产品的安全性有着决定性的影响，其可能存在的危害较多，危害物的检测和分析方法也较为复杂。干燥是挂面生产的关键环节，对挂面质量起着决定性的影响，干燥不当会导致挂面出现酥条、断条、成品率低等情况，而国内对干燥环节的基础研究和技术攻关较为薄弱，设备自动化程度低，缺乏定量化的参数和模型，急需解决这一问题。关于这些关键控制点，本章提出的控制因素和方法是基于前人的研究和企业的多年生产经验，并不是很完善，通过实施控制方案，产品质量和工序能力虽然得到改进，仍没有达到理想水平，还需要在生产实践中不断进行改进。

本章选择的质量控制指标是根据各工序的目的、各工序产品的重要质量性状以及取样的方便性和可行性综合确定的，存在一定的局限性，难以完全体现挂面质量控制的要求，可以在以后的研究中进一步调整和完善。

开展本章研究所选择的挂面生产企业属于大型企业，在行业内具有一定的代表性，但由于挂面生产标准化程度低，设备水平和厂房设计存在差异，因此，本章结果的适用性有待于进一步考察和验证，但本章建立的质量与安全控制体系的方法和思路仍对多数企业具有借鉴意义。

附 录

英文缩略语

英文缩写	英文全称	中文名称
ATR	attenuated total reflectance	衰减全反射
DP	degree of polymerization	聚合度
DSC	differential scanning calorimetry	差示量热扫描
DSG	durum wheat sulfur-rich glutenin	杜伦硬麦富硫谷蛋白
FTIR	fourier transform infrared spectroscopy	傅立叶变换红外光谱
FTIR-M	fourier transform infrared micro-imaging	傅立叶变换红外显微成像
GMP	glutenin macropolymer	谷蛋白大聚体
	good manufacturing practice	良好生产规范
HACCP	hazard analysis critical control point	危害分析与关键控制点
HMW-GS	high molecular weight glutenin subunits	高分子质量谷蛋白亚基
LF-NMR	low-field nuclear magnetic resonance	低场核磁共振
LMW-GS	low molecular weight glutenin subunits	低分子质量谷蛋白亚基
MRI	magnetic resonance imaging	核磁共振成像
NMR	nuclear magnetic resonance	核磁共振
PPO	polyphenol oxidase	多酚氧化酶
SDS-PAGE	sodium dodecyl sulphate-polyacrylamide gel electrophoresis	十二烷基硫酸钠聚丙烯酰胺凝胶电泳
SEM	scanning electron microscopy	扫描电子显微镜
SE-HPLC	size-exclusion high performance liquid chromatography	体积排阻高效液相色谱
SPC	statistical process control	统计过程控制
SSOP	sanitation standard operation procedures	卫生标准操作程序
TPA	texture profile analysis	质地剖面分析（简称：质构分析）

参考文献

［1］AACC International. Approved Methods of Analysis［Z］. 11th Ed. Method 38–10. 01 Gluten–Hand Washing Method. Method 39–11. 01 Near–Infrared Reflectance Method for Protein Determination in Wheat Flour. Method 54–10. 01 Extensigraph Method, General. Method 54–21. 02 Rheological Behavior of Flour by Farinograph: Constant Flour Weight Procedure. Method 76–21. 01 General Pasting Method for Wheat or Rye Flour or Starch Using the Rapid Visco Analyser. AACC International: St. Paul, MN, USA.

［2］An X, Zhang Q, Yan Y, et al. Cloning and molecular characterization of three novel LMW–i glutenin subunit genes from cultivated einkorn (*Triticum monococcum* L.)［J］. Theoreticaland Applied Genetics, 2006, 113 (3): 383–395.

［3］Anderson A K, Ng P K W. Changes in disulfide and sulfhydryl contents and electrophoretic patterns of extruded wheat flour proteins［J］. Cereal Chemistry, 2000, 77 (3): 354–359.

［4］Anjard R P. SPC chart selection process［J］. Microelectronics Reliability, 1995, 35 (11): 1445–1447.

［5］Assifaoui A, Champion D, Chiotelli E, et al. Characterization of water mobility in biscuit dough using a low–field 1H NMR technique［J］. Carbohydrate Polymers, 2006, 64 (2): 197–204.

［6］Baik B K, Czuchajowska Z, Pomeranz Y. Discoloration of dough for oriental noodles［J］. Cereal Chemistry, 1995 (72): 198–205.

［7］Baik B K, Czuchajowska Z, Pomeranz Y. Role and contribution of starch and protein content and quality to texture profile analysis of oriental noodles［J］. Cereal Chemistry, 1994, 71 (4): 315–320.

［8］Baik B K, Lee M R. Effects of starch amylose content of wheat on textural properties of white salted noodles［J］. Cereal Chemistry, 2003, 80 (3): 304–309.

［9］Baik B K, Park C S, Paszczynska B, et al. Characteristics of noodles and bread prepared from double–null partial waxy wheat［J］. Cereal Chemistry, 2003, 80 (5): 627–633.

［10］Barak S, Mudgil D, Khatkar B S. Effect of Compositional variation of gluten proteins and rheological characteristics of wheat flour on the textural quality of white salted noodles［J］. International Journal of Food Properties, 2013, 17 (4): 731–740.

［11］Batey I L, Curtin B M, Moore S A. Optimization of rapid–visco analyser test conditions for predicting Asian noodle quality［J］. Cereal Chemistry, 1997, 74 (4): 497–501.

［12］Batey I L, Gras P W, Curtin B M. Contribution of the chemical structure of wheat starch to Japanese noodle quality［J］. Journal of the Science of Food and Agriculture, 1997 (74): 503–508.

［13］Bhattachary M, Erazo–Castrejon S V, Douglas C, et al. Staling of bread as affected by waxy wheat flour blends［J］. Cereal chemistry, 2002, 79 (2): 178–182.

[14] Bhattacharya M, Luo Q, Corke H. Time-dependent changes in dough color in hexaploid wheat landraces differing in polyphenol oxidase activity [J]. Journal of Agricultural and Food Chemistry, 1999, 47 (9): 3579-3585.

[15] Bock J E, Connelly R K, Damodaran S. Impact of bran addition on water properties and gluten secondary structure in wheat flour doughs studied by attenuated total reflectance fourier transform infrared spectroscopy [J]. Cereal Chemistry, 2013b, 90 (4): 377-386.

[16] Bock J E, Damodaran S. Bran-induced changes in water structure and gluten conformation in model gluten dough studied by Fourier transform infrared spectroscopy [J]. Food Hydrocolloids, 2013a, 31 (2): 146-155.

[17] Bushuk W. Wheat breeding for end-product use [J]. Euphytica, 1998, 100 (1-3): 137-145.

[18] Chen J Y, ISOBE K, Zhang H, et al. Hot-air drying model for udon noodles [J]. Food Science and Technology Research, 2000, 6 (4): 284-287.

[19] Chen P L, Long Z, Ruan R. Nuclear magnetic resonance studies of water mobility in bread during storage [J]. LWT - Food Science and Technology, 1997, 30 (2): 178-183.

[20] Choy A L, Morrison P D, Hughes J G, et al. Quality and antioxidant properties of instant noodles enhanced with common buckwheat flour [J]. Journal of Cereal Science, 2013, 57 (3): 281-287.

[21] Crosbie G B, Lambe W J, Tsutsui H, et al. Further evaluation of the flour swelling volume test for identifying wheats potentially suitable for Japanese Noodles [J]. Journal of Cereal Science, 1992 (15): 271-280.

[22] Crosbie G B, Ross A S, Moro T, et al. Starch and protein quality requirements of Japanese alkaline noodles (Ramen) [J]. Cereal Chemistry, 1999, 76 (3): 328-334.

[23] Crosbie G B. Development of improved quality noodle wheat in western Australia [C] //Proceedings of the 47th Australian Cereal Chemistry Conference. Melbourne: Royal Australia Chemical Institute, 1997.

[24] Crosbie G B. The relationship between starch swelling properties, paste viscosity and boiled noodle quality in wheat flour [J]. Journal of Cereal Science, 1991, 13 (2): 145-150.

[25] Cuq B, Yildiz E, Kokini J. Influence of mixing conditions and rest time on capillary flow behavior of wheat flour dough [J]. Cereal Chemistry, 2002, 79 (1): 129-137.

[26] Damidaux R D, Jeanjean M F, Ferllet R D. Effect of heat treatment on protein solubility and viscoelastic properties of wheat gluten [J]. Cereal Chemistry, 1980, 57 (5): 325-331.

[27] Don C, Lichtendonk W J, Plijter J J, et al. Glutenin macropolymer: a gel formed by glutenin particles [J]. Journal of Cereal Science, 2003a, 37 (1): 1-7.

[28] Don C, Lichtendonk W J, Plijter J J, et al. The effect of mixing on glutenin particle properties: aggregation factors that affect gluten function in dough [J]. Journal of Cereal Science, 2005, 41 (1): 69-83.

[29] Don C, Lichtendonk W J, Plijter J J, et al. Understanding the link between GMP and dough: from glutenin particle in flour towards developed dough [J]. Journal of Cereal Science, 2003b, 38 (2):

157–165.

[30] Don C，Mann G，Bekes F，et al. HMW–GS affects the properties of glutenin particles in GMP and thus flour quality [J] . Journal of Cereal Science，2006，44（2）：127–136.

[31] Doona C J，Baik M Y. Molecular mobility in model dough systems studied by time–domain nuclear magnetic resonance spectroscopy [J] . Journal of Cereal Science，2007，45（3）：257–262.

[32] Epstein J，Morris C F，Huber K C. Instrumental texture of white salted noodles prepared from recombinant inbred lines of wheat differing in the three granule bound starch synthase（waxy）genes [J] . Journal of Cereal Science，2002（35）：51–63.

[33] Esselink E，Aalst H，Maliepaard M，et al. Impact of industrial dough processing on structure：a rheology，nuclear magnetic resonance，and electron microscopy study [J] . Cereal Chemistry，2003，80（4）：419–423.

[34] Feillet P，Ait–moyh O，Kobrehel K，et al. The role of low molecular weight glutenin proteins in the determination of cooking quality of pasta products：an overview [J] . Cereal Chemistry，1989，66（1）：26–30.

[35] Fu B X. Asian noodles：history，classification，raw materials，and processing [J] . Food Research International，2008，41（9）：888–902.

[36] 国家市场监督管理总局，国家标准管理委员会. GB/T 17989. 2—2020 控制图 第2部分：常规控制图 [S] . 北京：中国标准出版社，2020.

[37] Graveland A，Bosveld P，Lichtendonk W J，et al. A model for the molecular structure of the glutenins from wheat flour [J] . Journal of Cereal Science，1985，3（1）：1–16.

[38] Gujral H S，Rosell C M. Functionality of rice flour modified with a microbial transglutaminase [J] . Journal of Cereal Science，2004，39（2）：225–230.

[39] Guo G，Jackson D S，Graybosch R A，et al. Asian salted noodle quality：impact of amylose content adjustments using waxy wheat flour [J] . Cereal Chemistry，2003，80（4）：437–445.

[40] Guo G，Shelton D R，Jackson D S，et al. Comparison study of laboratory and pilot plant methods for Asian salted noodle processing [J] . Journal of Food Science，2004，69（4）：159–163.

[41] Gupta R B，Khan K，MacRitchie F. Biochemical basis of flour properties in bread wheats：I. effects of variation in quality and size distribution of polymeric protein [J] . Journal of Cereal Science，1993，18（1）：23–41.

[42] Hatcher D W，Anderson M J，Desjardins R G，et al. Effects of flour particle size and starch damage on processing and quality of white salted noodles [J] . Cereal Chemistry，2002，79（1）：64–71.

[43] Hatcher D W，Edwards N M，Dexter J E. Effects of particle size and starch damage of flour and alkaline reagent on yellow alkaline noodle characteristics [J] . Cereal Chemistry，2008，85（2）：425–432.

[44] Hatcher D W，Kruger J E，Anderson M J. Influence of water absorption on the processing and quality of oriental noodles [J] . Cereal Chemistry，1999，76（4）：566–572.

[45] Hou G G，Otsubo S，Okusu H，et al. Noodle processing technology. In Hou G G（eds）. Asian

noodles: science, technology, and processing [M] . Hoboken: John Wiley & Sons, Inc. , 2010a.

[46] Hou G G, Saini R, Ng P K W. Relationship between physicochemical properties of wheat flour, wheat protein composition, and textural properties of cooked Chinese white salted noodles [J] . Cereal Chemistry, 2013, 90 (5): 419–429.

[47] Hou G G. Laboratory pilot-scale Asian noodle manufacturing and evaluation protocols [M] . In Hou G G (eds) . Asian noodles: science, technology, and processing Hoboken: John Wiley & Sons, Inc. , 2010b.

[48] Hu X Z, Wei Y M, Wang C, et al. Quantitative assessment and protein fractions of Chinese wheat flours and their contribution to white salted noodle quality [J] . Food Research International, 2007, 40 (1): 1–6.

[49] Huang S D, Liu J J, Quail K. Effect of starch quality and gluten and starch fortification on noodles' resistance to softening [C] //Proceeding of the 61st Australian Cereal Chemistry Conference, Royal Australian Chemistry Institute, Gold Coast, Australia, 2012.

[50] Huang S, Morrison W R. Aspects of proteins in Chinese and British common (hexaplod) wheats related to quality of white and yellow Chinese noodles [J] . Journal of Cereal Science, 1988 (8): 177–180.

[51] Huang Y C, Lai H M. Noodle quality affected by different cereal starches [J] . Journal of Food Engineering, 2010 (97): 135–143.

[52] Hung P V, Maeda T, Morita N. Study on physicochemical characteristics of waxy and high-amylose wheat starches in comparison with normal wheat starch [J] . Starch, 2007, 59 (3–4): 125–131.

[53] Hung P V, Maeda T, Morita N. Waxy and high-amylose wheat starches and flours—characteristics, functionality and application [J] . Trends in Food Science & Technology, 2006 (17): 448–456.

[54] Hussain A, Larsson H, Kuktaite R, et al. Amount and size distribution of monomeric and polymeric proteins in the grain of organically produced wheat [J] . Cereal Chemistry, 2013, 90 (1): 80–86.

[55] Inazu T, Iwasaki K, Furuta T. Effect of air velocity on fresh Japanese noodle (udon) drying [J] . LWT – Food Science and Technology. 2003, 36 (2): 277–280.

[56] Inazu T, Iwasaki K, Furuta T. Effect of temperature and relative humidity on drying Kinetics of fresh Japanese noodle (udon) [J] . LWT–Food Science and Technology, 2002, 35 (8): 649–655.

[57] 国际标准化组织. ISO 8258—1991 休哈特控制图 [S] . 1991.

[58] Ittzes A. Statistical process control with several variance components in the dairy industry [J] . Food Control, 2001, 12 (2): 119–125.

[59] Jazaeri S, Bock J E, Bagagli M P, et al. Structural modifications of gluten proteins in strong and weak wheat dough during mixing [J] . Cereal Chemistry, 2015, 92 (1): 105–113.

[60] Johansson E, Malik A H, Hussain A, et al. Wheat gluten polymer structures: the impact of

genotype, environment, and processing on their functionality in various applications [J] . Cereal Chemistry, 2013, 90 (4): 367–376.

[61] Johansson E, Prieto–Linde M L, Jönsson J Ö. Effects of wheat cultivar and nitrogen application on storage protein composition and breadmaking quality [J] . Cereal Chemistry, 2001, 78 (1): 19–25.

[62] Konic C M, Miskelly D M, Gras P W. Starch swelling power, grain hardness and protein: relationship to sensory properties of Japanese noodles [J] . Starch, 1993 (45): 139–144.

[63] Konik C M, Miskelly D M, Gras P W. Contribution of starch and non–starch parameters to the eating quality of Japanese white salted noodles [J] . Journal of the Science of Food and Agriculture, 1992 (58): 403–406.

[64] Kruger J E, Hatcher D W, Depauw R. A whole seed assay for polyphenol oxidase in Canadian Prairie Spring wheats and its usefulness as a measure of noodle darkening [J] . Cereal Chemistry, 1994a, 71 (4): 324–326.

[65] Kruger J E, Anderson M H, Dexter J E. Effect of flour refinement on raw Cantonese noodle color and texture [J] . Cereal Chemistry, 1994b, 71 (2): 177–182.

[66] Kuktaite R, Larsson H, Johansson E. Variation in protein composition of wheat flour and its relationship to dough mixing behavior [J] . Journal of Cereal Science, 2004, 40 (1): 31–39.

[67] Lai H M, Hwang S C. Water status of cooked white salted noodles evaluated by MRI [J] . Food Research International, 2004, 37 (10): 957–966.

[68] Lan H, Hoover R, Jayakody L, et al. Impact of annealing on the molecular structure and physicochemical properties of normal, waxy and high amylose bread wheat starches [J] . Food Chemistry, 2008, 111 (3): 663–675.

[69] Li M, Luo L J, Zhu K X, et al. Effect of vacuum mixing on the quality characteristics of fresh noodles [J] . Journal of Food Engineering, 2012, 110 (4): 525–531.

[70] Li M, Zhu K X, Guo X, et al. Effect of water activity (A_w) and irradiation on the shelf–life of fresh noodles Innovative [J] . Food Science and Emerging Technologies, 2011, 12 (4): 526–530.

[71] Li M, Zhu K X, Peng J, et al. Delineating the protein changes in Asian noodles induced by vacuum mixing [J] . Food Chemistry, 2014 (143): 9–16.

[72] Liang T B, Yin Y P, Cai R G, et al. HMW–GS accumulation and GMP size distribution in grains of Shannong 12 grown in different soil conditions [J] . Acta Agronomica Sinica, 2008, 34 (12): 2160–2167.

[73] Liu J J, He Z H, Zhao Z D, et al. Wheat quality traits and quality parameters of cooked dry white Chinese noodles [J] . Euphytica, 2003 (131): 147–154.

[74] Liu R, Wei Y M, Zhang B, et al. The consumption behavior and consumer perception toward dried Chinese noodle in Beijing [J] . Asian Journal of Agriculture and Food Sciences, 2013, 1 (3): 73–78.

[75] Liu R, Xing Y, Zhang Y, et al. Effect of mixing time on the structural characteristics of noodle dough under vacuum [J] . Food Chemistry, 2015 (188): 328–336.

[76] Lu Z, Seetharaman K. 1H Nuclear magnetic resonance (NMR) and differential scanning calorimetry (DSC) studies of water mobility in dough systems containing barley flour [J] . Cereal Chemistry, 2013, 90 (2): 120–126.

[77] Martin J M, Talbert L E, Habernicht D K, et al. Reduced amylose effects on bread and white salted noodle quality [J] . Cereal Chemistry, 2004, 81 (2): 188–193.

[78] McCormick K M, Panozzo J F, Hong S H. A swelling power test for selecting potential noodle quality wheat [J] . Australian Journal of Agricultural Research, 1991, 42 (3): 317–323.

[79] Miskelly D M. Modern noodle based foods–raw material needs [M] . In: Btakeney A B, O' Brien L, ed. Pacific People and Their Food. St. Paul: USA, 1998.

[80] Miura H, Tannii S. Endosperm starch properties in several wheat cultivars preferred for Japanese noodles [J] . Euphytica, 1994 (72): 171–175.

[81] Morita N, Maeda T, Miyazaki M, et al. Dough and baking properties of high–amylose and waxy wheat flours [J] . Cereal Chemistry, 2002, 79 (4): 491–495.

[82] Morris C F, Jeffers H C, Engle D A. Influence of mixing conditions and rest time on capillary Flow behavior of wheat flour dough [J] . Cereal Chemistry, 2001, 77 (1): 77–85.

[83] Morris C F, Jeffers H C, Engle D. A. Effect of processing, formula and measurement variables on alkaline noodle color—toward an optimized laboratory system [J]. Cereal Chemistry, 2000, 77 (1): 77–85.

[84] Mujoo R, Ng P K W. Identification of wheat protein components involved in polymer formation on incubation with transglutaminase [J] . Cereal Chemistry, 2003, 80 (6): 703–706.

[85] Noda T, Tohnooka T, Taya S, et al. Relationship between physicochemical properties of starches and white salted noodle quality in Japanese wheat flours [J] . Cereal Chemistry, 2001, 78 (4): 395–399.

[86] Oh N H, Seib P A, Deyoe C M. Noodles Ⅳ. Influence of flour protein, extraction rate, particle size and starch damage on the quality characteristics of dried noodles [J] . Cereal Chemistry, 1985, 62 (6): 441–446.

[87] Oh N H, Seib P A, Ward A B, et al. Noodles Ⅵ. Functional properties of wheat flour components in oriental dry noodles [J] . Cereal Chemistry, 1985, 30 (2): 176–178.

[88] Ong Y L, Ross A S, Engle D A. Glutenin macropolymer in salted and alkaline noodle doughs [J] . Cereal Chemistry, 2010, 87 (1): 79–85.

[89] Panozzo J F, McCormick K M. The rapid viscoanalyser as a method of testing for noodle quality in a wheat breeding programme [J] . Journal of Cereal Science, 1993 (17): 25–32.

[90] Park C S, Baik B K. Cooking time of white salted noodles and its relationship with protein and amylose contents of wheat [J] . Cereal Chemistry, 2004, 81 (2): 165–171.

[91] Park C S, Baik B K. Flour characteristics related to optimum water absorption of noodle dough for making white salted noodles [J] . Cereal Chemistry, 2002, 79 (6): 867–873.

[92] Park C S, Hong B H, Baik B K. Protein quality of wheat desirable for making fresh white salted

noodles and its influences on processing and texture of noodles [J]. Cereal Chemistry, 2003, 80 (3): 297-303.

[93] Park S J, Baik B K. Quantitative and qualitative role of added gluten on white salted noodles [J]. Cereal Chemistry, 2009, 86 (6): 646-652.

[94] Payne P L. The association between γ-gliadin 45 and gluten strength in durum wheat varieties: a direct causal effect or the result of genetic linkage [J]. Journal of Cereal Science, 1984, 2 (2): 73-81.

[95] Ross A S, Quail K J, Crosbie G B. Physicochemical properties of Australian flours influencing the texture of alkaline noodles [J]. Cereal Chemistry, 1997 (74): 814-820.

[96] Ruan R R, Wang X, Chen P L, et al. Study of water in dough using nuclear magnetic resonance [J]. Cereal Chemistry, 1999, 76 (2): 231-235.

[97] Sapirstein H D, Fu B X. Intercultivar variation in the quantity of monomeric proteins, soluble and insoluble glutenin, and residue protein in wheat flour and relationships to breadmaking quality [J]. Cereal Chemistry, 1998, 75 (4): 500-507

[98] Sasaki T, Kohyama K, Yasui T, et al. Rheological properties of white salted noodles with different amylose content at small and large deformation [J]. Cereal Chemistry, 2004, 81 (2): 226-231.

[99] 中华人民共和国商业部. LS/T 1206—1992 挂面生产工艺技术规程 [S]. 北京：中国标准出版社，1992.

[100] Schiraldi A, Fessas D. The role of water in dough formation and bread quality [M]. In Breadmaking: Improving quality (Second edition) (ed Cauvain S P). Woodhead Publishing, Cambridge, 2012: 352-369.

[101] Seib P A. Reduced-amylose wheats and Asian noodles [J]. Cereal Foods World, 2000, 45 (11): 504-512.

[102] Seib P A. Wheat starch as a quality determinant [C] // Steele J L and Chung O K, eds. Proceedings of the International Wheat Quality Conference. Grain Industry Alliance, Manhattan, KS. 1997: 61-82.

[103] Skerritt J H, Hac L, Bekes F. Depolymerization of the glutenin macroplymer during dough mixing: I. changes in levels, molecular weight distribution, and overall composition [J]. Cereal Chemistry, 1999, 76 (3): 395-401.

[104] Solah V A, Crosbie G B, Huang S, et al. Measurement of color, gloss, and translucency of white salted noodles: effects of water addition and vacuum mixing [J]. Cereal Chemistry, 2007, 84 (2): 145-151.

[105] Srikaeo K, Furst J E, Ashton J. Characterization of wheat-based biscuit cooking process by statistical process control techniques [J]. Food Control, 2005, 16 (4): 309 - 317.

[106] Sutton K H, Larsen N G, Morgenstern M P, et al. Differing effects of mechanical dough development and sheeting development methods on aggregated glutenin proteins [J]. Cereal Chemistry, 2003, 80 (6): 707-711.

[107] Tang Y, Yang W, Tian J, et al. Effect of HMW-GS 6+8 and 1. 5+10 from synthetic hexaploid wheat on wheat quality traits [J]. Agricultural Sciences in China, 2008, 7 (10): 1161-1171.

[108] Toyokawa H, Rubenthaler G L, Powers J R, et al. Japanese noodle qualities: Ⅱ. starch components [J]. Cereal Chemistry, 1989, 66 (5): 387-391.

[109] Umbach S L, Davis E A, Gordon J, et al. Water self-diffusion coefficients and dielectrics determination for starch-gluten-water mixture by microwave and by conventional methods [J]. Cereal Chemistry, 1992, 69 (6): 637-642.

[110] Wang C, Kovacs M I P, Fowler D B, et al. Effects of protein content and composition on white noodle making quality: color [J]. Cereal Chemistry, 2004, 81 (6): 777-784.

[111] Weegels P L, Hamer R J, Schofield J D. Depolymerisation and repolymerisation of wheat glutenin during dough processing: Ⅱ. changes in composition [J]. Journal of Cereal Science, 1997, 25 (2): 155-163.

[112] Wellner N, Mills E N C, Brownsey G, et al. Changes in protein secondary structure during gluten deformation studied by dynamic fourier transform infrared spectroscopy [J]. Biomacromolecules, 2005, 6 (1): 255-261.

[113] Wickramasinghe H A M, Miura H, Yamauchi H, et al. Comparison of the starch properties of Japanese wheat varieties with those of popular commercial wheat classes from the USA, Canada and Australia [J]. Food Chemistry, 2005 (93): 9-15.

[114] Ye Y L, Zhang Y, He Z H, et al. Effects of flour extraction rate, added water, and salt on color and texture of Chinese white noodles [J]. Cereal Chemistry, 2009, 86 (4): 477-485.

[115] Yunt S H, Quail K, Moss R. Physicochemical properties of Australian wheat flour for white salted noodles [J]. Journal of Cereal Science, 1996 (23): 1881-1891.

[116] Zhang N Z, Liu X X, Yu L, et al. Phase composition and interface of starch—gelatin blends studied by synchrotron FTIR micro-spectroscopy [J]. Carbohydrate Polymers, 2013, 95 (2): 649-653.

[117] Zhang P, He Z, Chen D, et al. Contribution of common wheat protein fractions to dough properties and quality of northern-style Chinese steamed bread [J]. Journal of Cereal Science, 2007a, 46 (1): 1-10.

[118] Zhang P, He Z, Zhang Y, et al. Pan bread and Chinese white salted noodle qualities of Chinese winter wheat cultivars and their relationship with gluten protein fractions [J]. Cereal Chemistry, 2007b, 84 (4): 370-378.

[119] Zhang W, Shamsuzzaman M. Design and application of integrated control chart for monitoring process mean and variance [J]. Journal of Manufacturing System, 2005, 24 (4): 302-314.

[120] Zhang Y, Nagamine T, He Z H, et al. Variation in quality traits in common wheat as related to Chinese fresh white noodle quality [J]. Euphytica, 2005a (141): 113-120.

[121] Zhang Y, Quail K, Mugford D C, et al. Milling quality and white salt noodle color of Chinese winter wheat cultivars [J]. Cereal Chemistry, 2005b, 82 (6): 633-638.

[122] Zhao X C, Sharp P J. An improved 1-D SDS-PAGE method for the identification of three bread wheat 'waxy' proteins [J]. Journal of Cereal Science, 1996 (23): 191-193.
[123] 蔡铁，王振林，尹燕枰，等. 氮硫肥配施对小麦籽粒谷蛋白大聚合体含量及粒度分布的影响 [J]. 作物学报，2011，37 (6)：1060-1068.
[124] 曹丽，王振林，戴忠民，等. 施氮时期对小麦籽粒HMW-GS积累及GMP 粒度分布的影响 [J]. 作物学报，2012，37 (12)：2241-2250.
[125] 陈东升，Kiribuchi-Otobe C，徐兆华，等. Waxy蛋白缺失对小麦淀粉特性和中国鲜面条品质的影响 [J]. 中国农业科学，2005，38 (5)：865-873.
[126] 陈卫江，林向阳，阮榕生，等. 核磁共振及其成像技术研究面粉吸水率及其形成过程 [J]. 食品科学，2006，27 (11)：124-129.
[127] 丁华. 注重品牌竞争，做大挂面市场 [J]. 农产品加工，2009 (8)：34-35.
[128] 杜巍，魏益民，张国权. 小麦品质与面条品质关系的研究 [J]. 西北农林科技大学学报，2001，29 (3)：24-27.
[129] 傅宾孝. 面团形成模型的提出及对面团流变性质的解释 [J]. 食品科学，1991 (6)：15-18.
[130] 高亚军，陈洁，王春，等. 挂面生产设备发展概述 [J]. 粮油加工，2011 (5)：101-104.
[131] 葛秀秀，何中虎，杨金，等. 我国冬小麦品种多酚氧化酶活性的遗传变异及其与品质性状的相关分析 [J]. 作物学报，2003，29 (4)：481-485.
[132] 龚益鸣，蔡乐仪，陈森. 质量管理学 [M]. 2版. 上海：复旦大学出版社，2009.
[133] 贡照明. SPC方法在食品加工质量控制中的应用 [D]. 上海：复旦大学，2002.
[134] 郭婷，何新益，邓放明，等. 利用LF-NMR探讨冻融处理影响甘薯膨化产品品质的机制 [J]. 农业工程学报，2013，29 (17)：279-285.
[135] 何中虎，晏月明，庄巧生，等. 中国小麦品种品质评价体系建立与分子改良技术研究 [J]. 中国农业科学，2006，39 (6)：1091-1101.
[136] 胡新中，魏益民，张国权，等. 小麦籽粒蛋白质组分及其与面条品质的关系 [J]. 中国农业科学，2004，37 (5)：739-743.
[137] 黄思棣. 中国和英国普通小麦制作中国白面条和碱水面条的品质特性 [J]. 中国粮油学报，1988，32 (6)：84-88.
[138] 居然，秦中庆. 简论挂面三段干燥法 [J]. 食品科技，1996 (5)：26-27.
[139] 鞠兴荣，袁建，汪海峰，等. 小麦主要质量指标与面条品质关系的研究 [J]. 粮食与饲料工业，2005 (12)：10-12.
[140] 阚世红，王宪泽，于振文. 淀粉化学结构、面粉黏度性状与面条品质关系的研究 [J]. 作物学报，2005，31 (11)：1506-1510.
[141] 康志钰. 手工拉面评分指标与面筋数量和质量的关系 [J]. 麦类作物学报，2003，23 (2)：3-6.
[142] 雷昌贵，卢大新，陈锦屏. 小麦蛋白质的特性与面条品质 [J]. 食品与药品，2006，8 (6)：27-30.

[143] 雷激，张艳，王德森，等. 中国干白面条品质评价方法研究［J］. 中国农业科学，2004，37（12）：2000–2005.
[144] 雷克鸿. 产学研结合，集成化创新，挂面产业装备水平突破性提升［N］. 中国食品报，2013–12–09.
[145] 李春燕，张容，封超年，等. 不同类型专用小麦HMW–GS和GMP含量与面筋含量的关系［J］. 中国粮油学报，2009，24（12）：15–20.
[146] 李庆龙. 对当前挂面加工业健康发展的思考［J］. 粮食科技与经济，2009，34（4）：7–8.
[147] 李世岩，杨金枝. 国内挂面市场分析及生产方式的变革［J］. 农业机械，2012（6）：31–33.
[148] 李硕碧，单明珠，王怡，等. 鲜湿面条专用小麦品种品质的评价［J］. 作物学报，2001，27（3）：334 –338.
[149] 李韦瑾，张波，魏益民，等. 机制面条制作工艺研究综述［J］. 中国粮油学报，2011，26（6）：86–90.
[150] 李炜炜，陆启玉. 小麦蛋白质与面条品质关系的研究进展［J］. 粮油加工，2008（2）：77–79.
[151] 李卓瓦，陈洁，王春. 面粉黏度特性与面条品质的关系研究［J］. 粮油加工，2006（7）：71–73.
[152] 李子清. 创新挂面产品，满足现代消费需求［J］. 农产品加工，2009（10）：16–17.
[153] 梁宝忠. 科技让传统与现代完美对接［EB/OL］. 中华人民共和国农业部网站，2014–12–08. http：//www. moa. gov. cn/zwllm/zwdt/201412/t20141208_4285141. htm.
[154] 梁荣奇，张义荣，刘广田，等. 小麦淀粉品质改良的综合标记辅助选择体系的建立［J］. 中国农业科学，2002，35（3）：245–249.
[155] 梁荣奇，张义荣，尤明山，等. 小麦谷蛋白聚合体的MS–SDS–PAGE及其与面包烘烤品质的关系［J］. 作物学报，2002，28（5）：609–614.
[156] 林荣瑞. 品质管理［M］. 厦门：厦门大学出版社，1999.
[157] 林向阳，陈卫江，何承云，等. 核磁共振及其成像技术在面团形成过程中的研究［J］. 中国粮油学报，2006，21（6）：163–167.
[158] 林莹，辛志平，古碧，等. 不同变性淀粉对冷冻面团热力学特性的影响［J］. 食品工业科技，2012，33（5）：59–62.
[159] 林作揖，雷振生. 中国挂面对小麦粉品质的要求［J］. 作物学报，1996，22（2）：152–155.
[160] 刘爱峰，宋建民，赵振东，等. 糯小麦配粉对面团流变学特性和面包烘烤品质的影响［J］. 中国农业科学，2004，37（6）：902–907.
[161] 刘凡，张永林. 挂面自动包装技术的研发现状［J］. 食品与机械，2011，27（6）：269–271.
[162] 刘峰. 控制图在卷烟卷制工序过程控制中的应用［J］. 中国质量，2009（9）：94–95.
[163] 刘光第. 质量管理学［M］. 北京：清华大学出版社，2001.

[164] 刘昊宇. 2014年度方便食品行业创新趋势发布［J］. 中国面制品，2014（5）：43–49.
[165] 刘建军，何中虎，杨金，等. 小麦品种淀粉特性变异及其与面条品质关系的研究［J］. 中国农业科学，2003，36（1）：7–12.
[166] 刘建军，何中虎，赵振东，等. 小麦品质性状与干白面条品质参数关系的研究［J］. 作物学报，2002，28（6）：738–742.
[167] 刘建军，何中虎. 小麦面条加工品质研究进展［J］. 麦类作物学报，2001，21（2）：81–84.
[168] 刘婧竟. 面片熟化工艺对面条品质的影响［J］. 消费导刊，2007（5）：207–208.
[169] 刘锐，魏益民，张波. 挂面生产工序能力分析［J］. 中国粮油学报，2012，27（8）：104–108.
[170] 刘锐，魏益民，张波. 基于统计过程控制（SPC）的挂面加工过程质量控制［J］. 食品科学，2013a，34（8）：43–47.
[171] 刘锐，卢洋洋，邢亚楠，等. 双轴卧式和面机的和面效果及其对面条质量的影响［J］. 农业工程学报，2013b，29（21）：264–270.
[172] 刘锐，魏益民，张波. 面条制作过程中蛋白质组成的变化［J］. 中国食品学报，2013c，13（1）：198–203.
[173] 刘锐，魏益民，张波. 小麦蛋白质与面条品质关系研究进展［J］. 麦类作物学报，2011，31（6）：1183–1187.
[174] 刘锐，邢亚楠，张影全，等. 北京超市挂面食品的供给特征与趋势分析［J］. 中国农业大学学报，2014a，19（4）：243–255.
[175] 刘锐，魏益民，张影全，等. 谷蛋白大聚体在小麦加工中的作用［J］. 中国粮油学报，2014b，29（1）：119–122.
[176] 刘锐，任晓龙，邢亚楠，等. 真空和面工艺对面条质量的影响及参数优化［J］. 中国粮油学报，2015a，30（9）：1–7.
[177] 刘锐，武亮，张影全，等. 基于低场核磁和差示量热扫描的面条面团水分状态研究［J］. 农业工程学报，2015b，31（9）：288–294.
[178] 刘锐，邢亚楠，张影全，等. 挂面的理化特性和感官质量研究［J］. 中国粮油学报，2015c，30（8）：3–18.
[179] 刘绍文. 卧式曲线状搅拌桨和面机的分析与设计［J］. 粮食与油脂，1993（3）：8–11.
[180] 陆启玉，郭祀远，李炜. 麦谷蛋白对鲜湿面条性质的影响［J］. 河南工业大学学报：自然科学版，2009，30（5）：1–3.
[181] 陆启玉，尉新颖. 小麦淀粉对面条品质的影响［J］. 食品科技，2009，34（9）：153–156.
[182] 陆启玉，章绍兵. 蛋白质及其组分对面条品质的影响研究［J］. 中国粮油学报，2005，20（3）：13–16.
[183] 陆启玉. 挂面生产工艺与设备［M］. 北京：化学工业出版社，2007.
[184] 罗小林，罗小燕. 在线检测和SPC在过程质量控制中的运用［J］. 机械制造，2010，48（554）：87–88.

[185] 罗忠民. 挂面脱水及空气温湿度参数的设计与研究［J］. 中国粮油学报，1988，3（4）：42–48.
[186] 骆丽君，李曼，朱红卫，等. 真空和面对生鲜面品质特性的影响研究［J］. 食品工业科技，2012，33（3）：129–131.
[187] 马冬云，郭天财，王晨阳，等. 鲜湿面条的煮面时间及其与面粉糊化特性的关系［J］. 中国粮油学报，2007，22（5）：27–31.
[188] 孟素荷. 聚集起中国方便食品工业的正能量——对2012—2013年中国方便食品业的分析［J］. 食品工业科技，2013，34（19）：14–18.
[189] 孟专，郭新文. 挂面熟化工艺优化研究［J］. 发明与创新：综合版，2009（2）：42–43.
[190] 潘永康，王喜忠，刘相东. 现代干燥技术［M］. 2版. 北京：化学工业出版社，2007.
[191] 逄孝云，王宪泽，许瑞瑞，等. 普通小麦面条品质性状的标记——LMW–GS和醇溶蛋白组成［J］. 中国粮油学报，2008，23（2）：7–10.
[192] 秦中庆，高新楼，刘钟栋，等. 糯小麦粉与普通小麦粉配粉糊化特性的研究［J］. 粮食与饲料工业，2005（5）：14–17.
[193] 秦中庆. 再谈日本挂面干燥技术的新进展［J］. 粮食与食品工业，1995（2）：11–13.
[194] 申连芳，陆启玉. 我国挂面行业的现状与发展趋势［J］. 粮食与食品工业，2011，18（1）：4–5.
[195] 沈群，谭斌. 挂面生产配方与工艺［M］. 北京：化学工业出版社，2008.
[196] 沈再春. 现代方便面和挂面生产实用技术［M］. 北京：中国科学技术出版社，2001.
[197] 师俊玲，魏益民，欧阳韶晖，等. 蛋白质和淀粉含量对面条品质的影响研究［J］. 郑州工程学院学报，2001b，22（1）：32–34.
[198] 师俊玲，魏益民，张国权，等. 蛋白质与淀粉含对挂面和方便面品质及微观结构的影响［J］. 西北农林科技大学学报：自然科学版，2001a，29（1）：44–50.
[199] 师俊玲，魏益民. 小麦蛋白质和淀粉与面条品质关系的研究进展［J］. 郑州粮食学院学报，2000，21（1）：73–76.
[200] 司学芝，王金水，陈万义. 面团搅拌过程中麦谷蛋白大聚体的变化Ⅱ. 麦谷蛋白大聚体对面团流变学特性的影响［J］. 河南工业大学学报：自然科学版，2005，26（1）：7–10.
[201] 宋建民，刘爱峰，刘建军，等. 环境与品种对小麦淀粉理化特性和面条品质的影响［J］. 作物学报，2005，31（6）：796–799.
[202] 宋建民，刘爱峰，尤明山，等. 糯小麦配粉对淀粉糊化特性和面条品质的影响［J］. 中国农业科学，2004，37（12）：1838–1842.
[203] 宋健民，戴双，李豪圣，等. Wx蛋白缺失对淀粉理化特性和面条品质的影响［J］. 中国农业科学，2007，40（12）：2888–2894.
[204] 宋健民，刘爱峰，李豪圣，等. 小麦籽粒淀粉理化特性与面条品质关系研究［J］. 中国农业科学，2008，41（1）：272–279.
[205] 宋亚珍，闫金婷，胡新中. 面粉糊化特性与鲜湿及煮后面条质构特性关系［J］. 中国粮油学报，2005，20（6）：12–14.

[206] 孙辉，姚大年，李保云，等. 普通小麦谷蛋白大聚合体的含量与烘烤品质的相关关系[J]. 中国粮油学报，1998，13（6）：13-16.
[207] 孙链，孙辉，姜薇莉，等. 糯小麦粉配粉对小麦加工品质的影响（Ⅱ）对面条品质影响的研究［J］. 中国粮油学报，2010，5（2）：18-22.
[208] 孙链，孙辉，雷玲，等. 糯小麦粉配粉理化特性及其对馒头品质的影响［J］. 中国粮油学报，2009，24（1）：5-10.
[209] 覃鹏，马传喜，吴荣林，等. 糯小麦粉添加比例对中国干白面条品质的影响［J］. 中国粮油学报，2008，23（3）：17-23.
[210] 唐建卫，刘建军，张平平，等. 贮藏蛋白组分对小麦面团流变学特性和食品加工品质的影响［J］. 中国农业科学，2008，41（10）：2937-2946.
[211] 王春，高飞，陈洁，等. 温度对挂面干燥工艺品质的影响［J］. 粮食与饲料工业，2010（6）：33-35.
[212] 王芳，叶宝兴. 小麦Wx蛋白及主要淀粉性状与面条品质的关系［J］. 麦类作物学报，2006，26（3）：92-95.
[213] 王华君，杨梅，张文明，等. "皖麦33"与"W1032"配粉后淀粉及馒头品质性状的研究［J］. 中国粮油学报，2010，25（10）：13-18.
[214] 王杰，张影全，刘锐，等. 挂面干燥工艺研究及其关键参数分析［J］. 中国粮油学报，2014a，29（10）：88-93.
[215] 王杰，张影全，刘锐，等. 隧道式烘房挂面干燥工艺特征分析［J］. 中国粮油学报，2014b，29（3）：84-89.
[216] 王金水，张丽萍，况伟. 面团搅拌过程中蛋白质的变化研究Ⅲ. 麦谷蛋白大聚体的变化规律［J］. 郑州工程学院学报，2003，24（2）：5-8.
[217] 王灵昭，陆启玉. 面筋蛋白组分在制面过程中的变化及与面条质地差异的关系［J］. 河南工业大学学报：自然科学版，2005，26（1）：11-14.
[218] 王涛. 生鲜湿面条的保鲜与品质改良研究［D］. 郑州：河南工业大学，2011.
[219] 王宪泽，阚世红，于振文. 部分山东小麦品种面粉粘度性状及其与面条品质相关性的研究［J］. 中国粮油学报，2004，19（6）：8-10.
[220] 王宪泽，李菡，于振文，等. 小麦籽粒品质性状影响面条品质的通径分析［J］. 作物学报，2002，28（2）：240-244.
[221] 王晓曦，雷宏，曲艺，等. 面粉中的淀粉组分对面条蒸煮品质的影响［J］. 河南工业大学学报：自然科学版，2010，31（2）：24-27.
[222] 王晓曦，王忠诚，曹维让，等. 小麦破损淀粉含量与面团流变学特性及降落数值的关系［J］. 郑州工程学院学报，2001，22（3）：53-57.
[223] 王晓曦，徐荣敏. 小麦胚乳中直链淀粉含量分布及其对面条品质的影响［J］. 中国粮油学报，2007，22（4）：33-37.
[224] 王震. 我国挂面行业分析及中粮集团挂面业务发展概要［J］. 粮食与食品工业，2009，16（3）：3-6.

[225] 魏明东，程天玉，孟宝玉. 卧式连续和面机：中国，201020684147 [P]. 2010-12-28.
[226] 魏明东，孟宝玉，谈卫东. 立式连续和面机：中国，201020684206 [P]. 2011-08-24.
[227] 魏益民，张波，陈锋亮. 食品挤压理论与技术（下卷）[M]. 北京：中国轻工业出版社，2011.
[228] 魏益民. 主要食品对小麦籽粒品质的要求 [J]. 中国食物与营养，2002（4）：23-25.
[229] 武亮，刘锐，张波，等. 隧道式挂面烘房干燥介质特征分析 [J]. 农业工程学报，2015，31（增刊1）：355-360.
[230] 夕元，荆建芬. 统计过程控制及其应用研究 [J]. 计算机工程，2004，19（30）：144-145.
[231] 项勇，陈明霞. 低温烘房挂面生产工艺及质量控制 [J]. 食品工业科技，2000，21（4）：52-53.
[232] 徐秋水. 日本挂面干燥技术的重大突破 [J]. 食品科技，1994（6）：4-5.
[233] 薛雅萌，赵龙，李保国. 低场核磁共振法测定热烫面团水分迁移特性及超微结构分析 [J]. 食品科学，2014，35（19）：96-100.
[234] 阎俊，张勇，何中虎. 小麦品种糊化特性研究 [J]. 中国农业科学，2001，34（1）：9-13.
[235] 杨宏黎，陆启玉，韩旭，等. 面筋蛋白组分在面团熟化过程中的变化 [J]. 粮油加工，2007（10）：101-103.
[236] 杨宏黎，陆启玉，韩旭，等. 熟化对面条产品质量影响的研究 [J]. 食品科技，2008（2）：118-121.
[237] 杨金，张艳，何中虎，等. 小麦品质性状与面包和面条品质关系分析 [J]. 作物学报，2004，30（8）：739-744.
[238] 杨军辉，冯丽娟. 浅谈SPC在制造业的应用 [J]. 科协论坛，2010（12）：39-40.
[239] 杨秀改，陆启玉，尹寿伟. 面筋蛋白与面条品质关系研究 [J]. 粮食与油脂，2005（5）：26-28.
[240] 姚大年，李保云，梁荣奇，等. 小麦品种面粉粘度性状及其在面条品质评价中的作用 [J]. 中国农业大学学报，2000，5（3）：25-29.
[241] 姚大年，李保云，朱金宝，等. 小麦品种主要淀粉性状及面条品质预测指标的研究 [J]. 中国农业科学，1999，32（6）：84-88.
[242] 姚惠源. 我国主食工业化生产的现状与发展趋势 [J]. 现代面粉工业，2010，24（4）：1-5.
[243] 叶晓枫，韩永斌，赵黎平，等. 冻融循环下冷冻非发酵面团品质的变化及机制 [J]. 中国农业工程，2013，29（21）：271-278.
[244] 叶一力，何中虎，张艳. 不同加水量对中国白面条品质性状的影响 [J]. 中国农业科学，2010，43（4）：795-804.
[245] 尹寿伟，陆启玉，杨秀改. 破损淀粉对面条蒸煮品质的影响研究 [J]. 食品科技，2005（10）：68-71.
[246] 于春花，别同德，王成，等. 小麦Wx基因近等基因系的创制及其对直链淀粉含量、面条

感官品质的影响［J］. 作物学报，2012，38（3）：454–461.

［247］张波，魏益民，李韦瑾. 影响面条感官质量的因素分析［J］. 中国农业科学，2012，45（12）：2447–2454.

［248］张国权，魏益民，郭波莉，等. 小麦面粉粘度特性与面条品质关系的研究［J］. 西北农林科技大学学报：自然科学版，2002，30：15–19.

［249］张国权，魏益民，欧阳韶晖，等. 面粉质量与面条品质关系的研究［J］. 西部粮油科技，1999，24（4）：39–41.

［250］张焕新，张伟，徐春仲. 糯小麦粉添加量对配粉流变学特性及馒头品质的影响［J］. 食品科学，2014，35（3）：80–84.

［251］张剑，李梦琴，龚向哲，等. 小麦品质性状与鲜湿面条品质指标关系的研究［J］. 中国粮油学报，2008，23（2）：20–24.

［252］张玲，王宪泽，岳永生. 用TOM评价中国面条品质的新方法及研究小麦品质对它的影响［J］. 中国粮油学报，1998，13（1）：49–53.

［253］张平平，肖永贵，刘建军，等. 不溶性谷蛋白大聚体含量与和面仪参数的关系［J］. 作物学报，2008，34（6）：1074–1079.

［254］张伟. 挂面烘干工艺的研究与应用［J］. 西部粮油科技，1999，24（1）：12–14.

［255］张绪坤，祝树森，黄俭花，等. 用低场核磁分析胡萝卜切片干燥过程的内部水分变化［J］. 农业工程学报，2012，28（22）：282–287.

［256］张艳，唐建卫，Geoffroy D，等. 混合实验仪参数与和面仪、快速黏度仪参数的关系及其对面条品质的影响［J］. 作物学报，2011，37（8）：1441–1448.

［257］张艳，阎俊，Yoshida H，等. 中国面条的标准化实验室制作与评价方法研究［J］. 麦类作物学报，2007，27（1）：158–165.

［258］张艳，阎俊，陈新民，等. 糯小麦配粉对普通小麦品质性状和鲜切面条品质的影响［J］. 麦类作物学报，2007，27（5）：803- 808.

［259］张艳，阎俊，肖永贵，等. 中国鲜面条耐煮特性及评价指标［J］. 作物学报，2012，38（11）：2078–2085.

［260］张影全，魏益民，张波，等. 小麦高分子量谷蛋白亚基（HMW–GS）对面条感官质量的影响［J］. 中国农业科学，2013，46（1）：121–129.

［261］张勇，何中虎. 我国春播小麦淀粉糊化特性研究［J］. 中国农业科学，2002，35（5）：471–475.

［262］张智勇，王春，孙辉，等. 小麦粉理化特性与面条评分相关性的研究［J］. 中国粮油学报，2012，27（9）：10–15.

［263］章绍兵，陆启玉. 直链淀粉含量对面粉糊化特性及面条品质的影响［J］. 河南工业大学学报：自然科学版，2005，26（6）：9–12.

［264］赵惠贤，胡胜武，吉万全，等. 小麦谷蛋白聚合体粒度分布与面粉揉面特性关系的研究［J］. 中国农业科学，2001，34（5）：465–468.

［265］赵京岚，陈民生，李瑞军，等. 利用RIL群体分析小麦品质与中国干面条加工品质的关系

[J]. 麦类作物学报，2008，28（2）：227-231.
[266] 赵京岚，李斯深，范玉顶，等. 小麦品种蛋白质性状与中国干面条品质关系的研究 [J]. 西北植物学报，2005，25（1）：144-149.
[267] 赵俊晔，于振文. 小麦籽粒淀粉品质与蛋白质品质关系的初步研究 [J]. 中国粮油学报，2004，19（4）：17-20.
[268] 赵妙霞，贾九红，郑玉巧. 工序控制方法中工序能力的分析 [J]. 甘肃工业大学学报，2009，29（4）：49-51.
[269] 郑家丰，邢春生. 新型小麦粉和谷物流变学检测仪 [J]. 粮油食品科技，2008，16（5）：60-63.
[270] 郑学玲，尚加英，张杰. 面粉糊化特性与面条品质关系的研究 [J]. 河南工业大学学报：自然科学版，2010，31（6）：1-5.
[271] 中国食品科学技术学会面制品分会. 方便面行业必须"刮骨疗毒" [J]. 中国面制品，2014（1）：16-21.
[272] 周显青，曹健. 法国小麦在中国馒头和面条中的应用初探 [J]. 中国粮油学报，2001，16（1）：46-50.
[273] 佐藤晓子，张耀宏. 小麦蛋白质含量稳定化技术的开发 [J]. 国外农学——麦类作物，1992（2）：6-7.

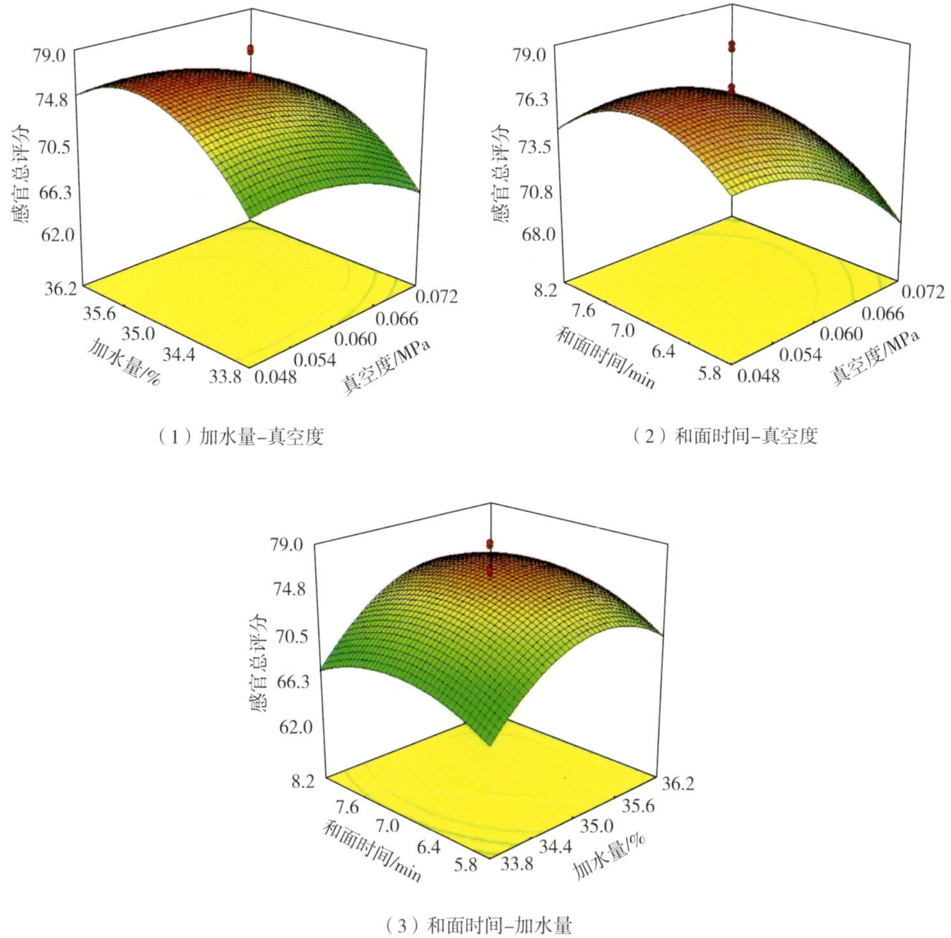

（1）加水量-真空度

（2）和面时间-真空度

（3）和面时间-加水量

图 4-1　真空度、加水量和和面时间对生鲜面条感官评分影响的响应面图

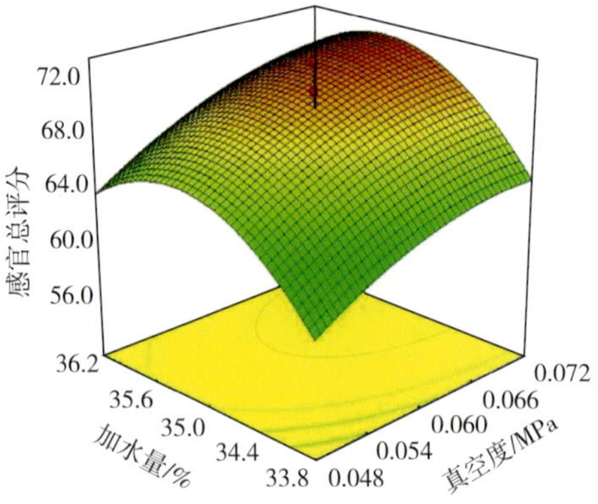

（1）加水量-真空度

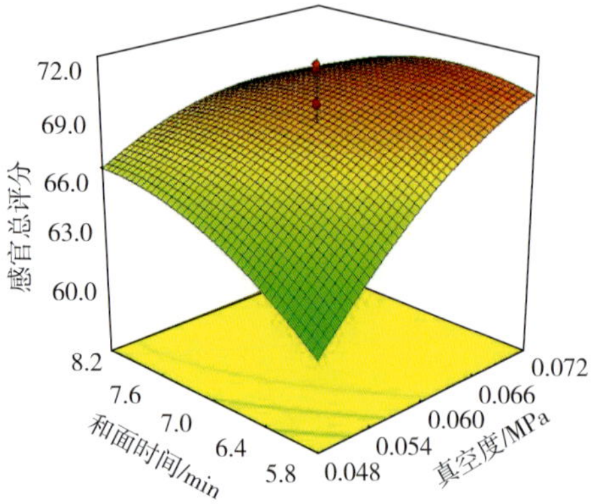

（2）和面时间-真空度

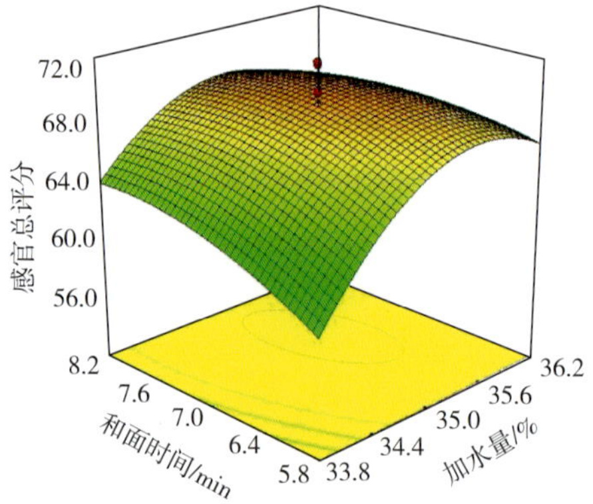

（3）和面时间-加水量

图 4-2　真空度、加水量和和面时间对冷藏面条感官评分影响的响应面图

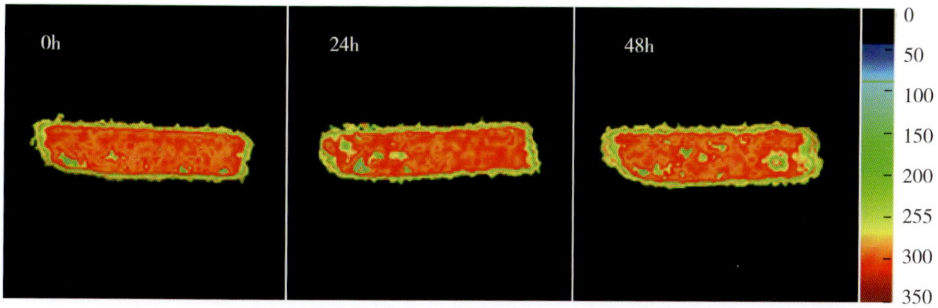

（1）0MPa

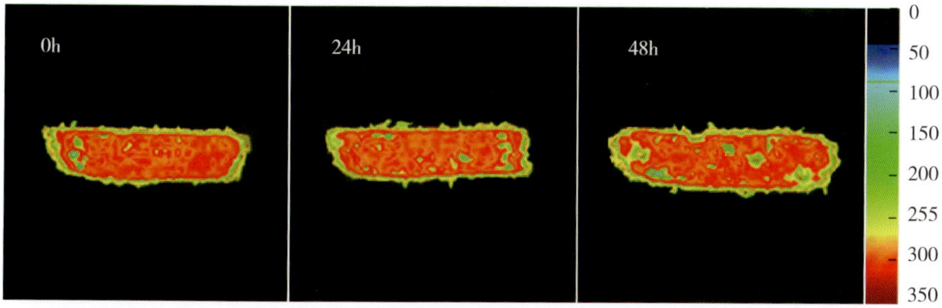

（2）0.06MPa

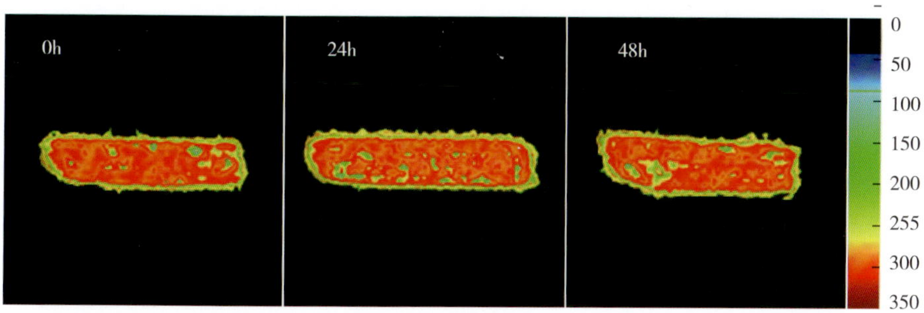

（3）0.09MPa

图 5-3　不同真空条件下制作的济麦 20 面团 48 h 贮藏期内 MRI 图像变化

注：彩带表示 H 质子密度，值越大表示含水率越高。

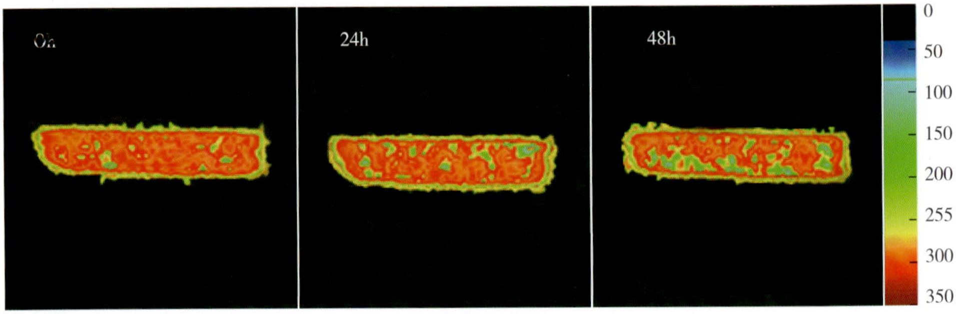

（1）0MPa

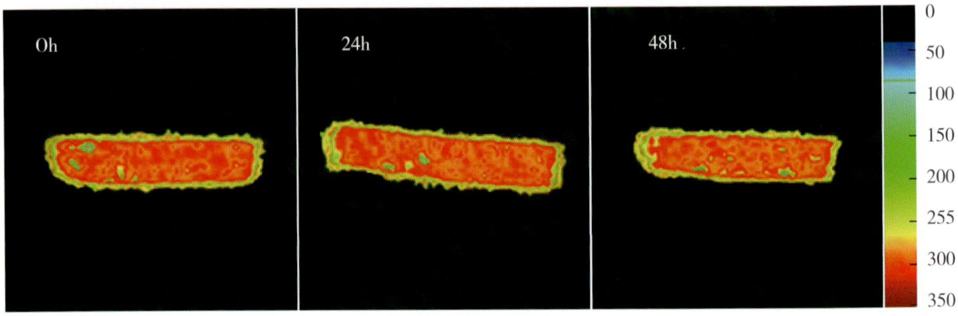

（2）0.06MPa

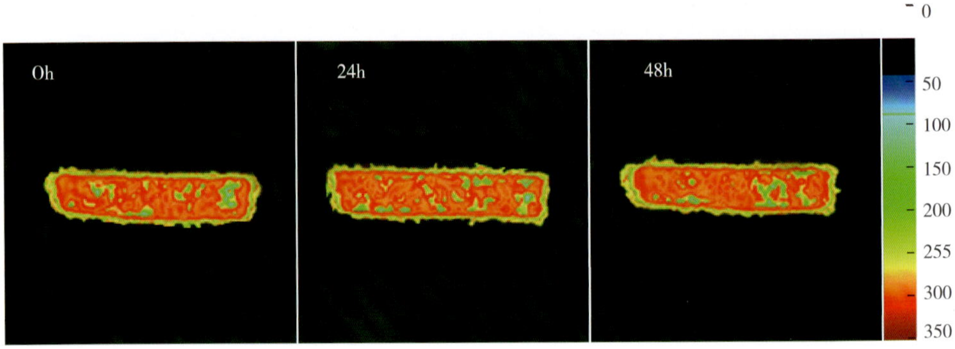

（3）0.09MPa

图 5-4　不同真空条件下制作的宁春 4 号面团 48 h 贮藏期内 MRI 图像变化

注：彩带表示 H 质子密度，值越大表示含水率越高。

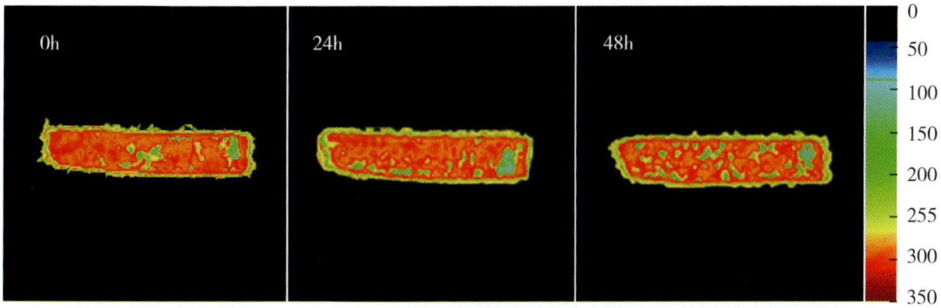

（1）0MPa

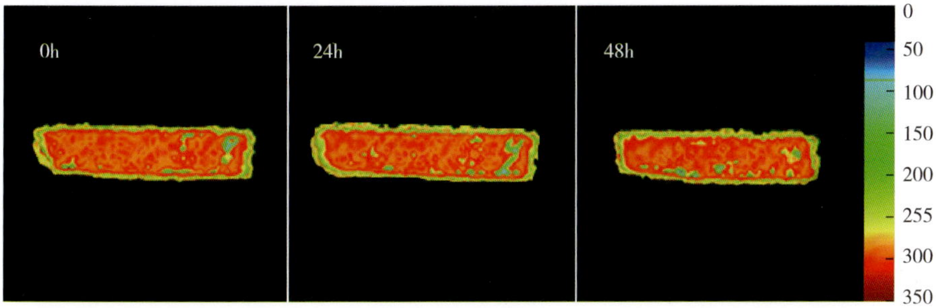

（2）0.06MPa

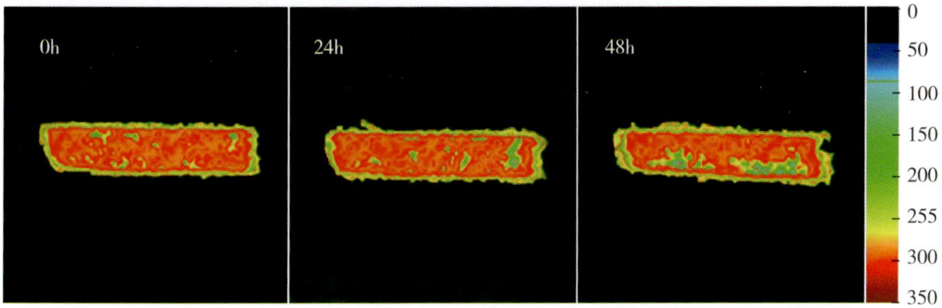

（3）0.09MPa

图 5-5　不同真空条件下制作的济麦 22 面团 48 h 贮藏期内 MRI 图像变化

注：彩带表示 H 质子密度，值越大表示含水率越高。

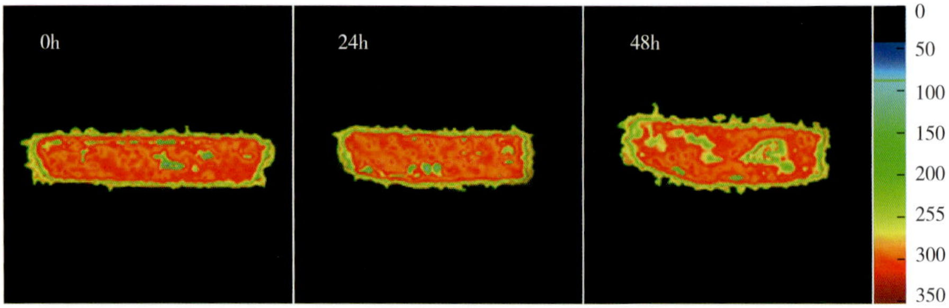

（1）4min

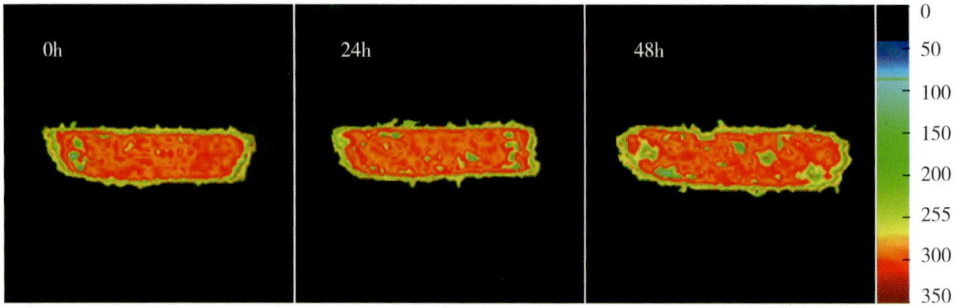

（2）8min

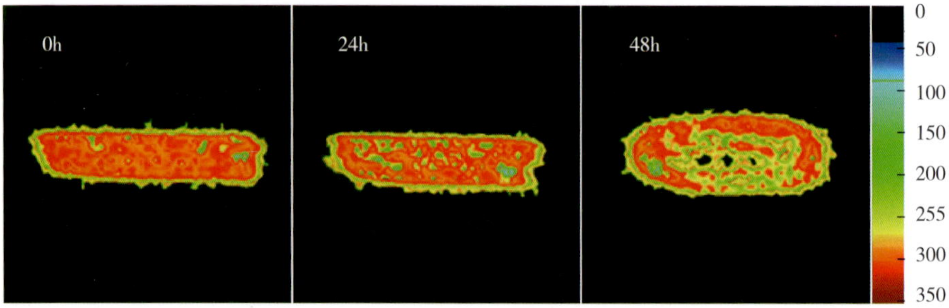

（3）12min

图 5-6 不同和面时间制作的济麦 20 面团 48 h 贮藏期内 MRI 图像变化

注：彩带表示 H 质子密度，值越大表示含水率越高。

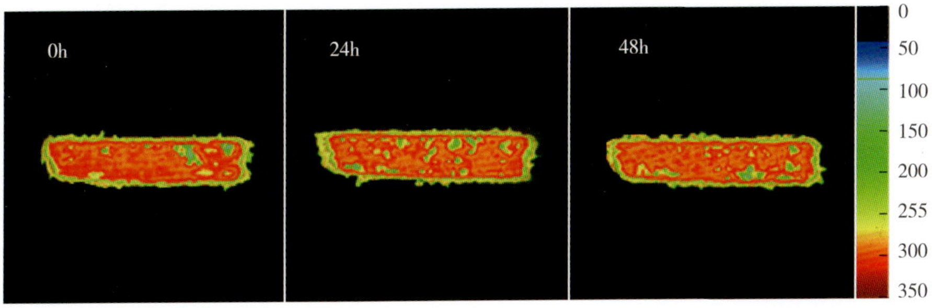

（1）4min

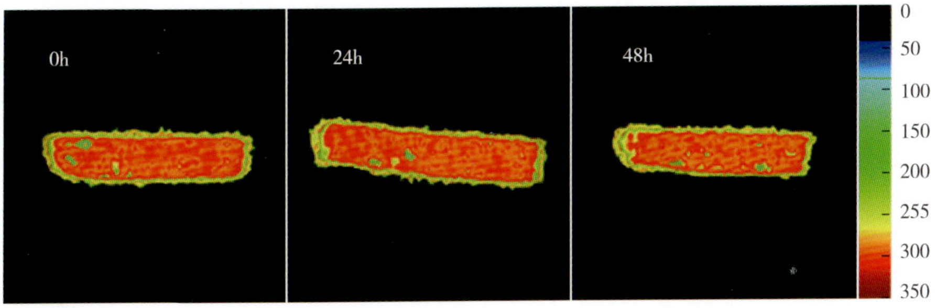

（2）8min

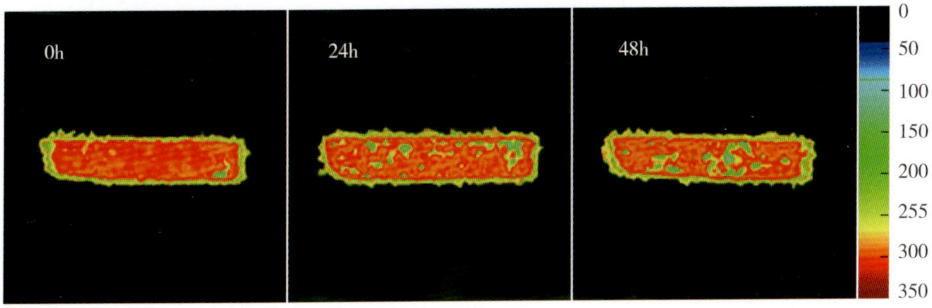

（3）12min

图 5-7　不同和面时间制作的宁春 4 号面团 48 h 贮藏期内 MRI 图像变化

注：彩带表示 H 质子密度，值越大表示含水率越高。

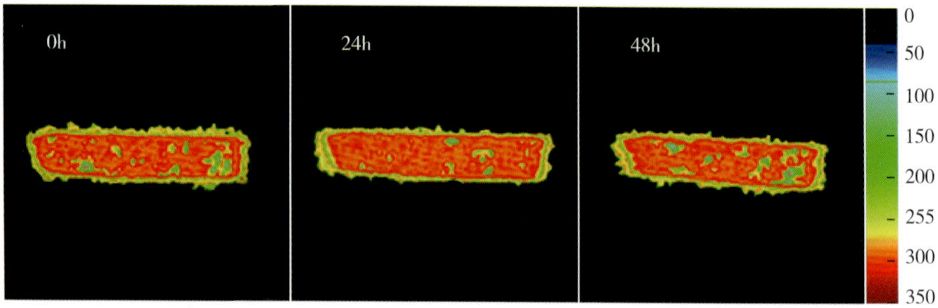

（1）4min

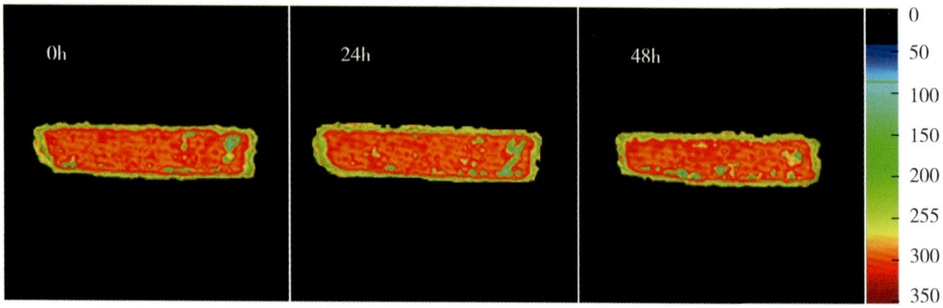

（2）8min

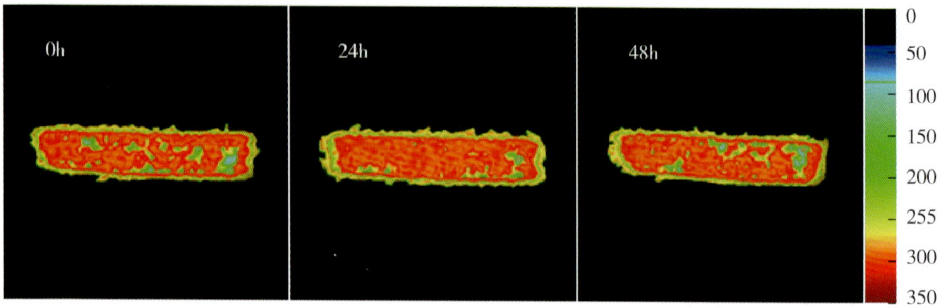

（3）12 min

图 5-8　不同和面时间制作的济麦 22 面团 48 h 贮藏期内 MRI 图像变化

注：彩带表示 H 质子密度，值越大表示含水率越高。

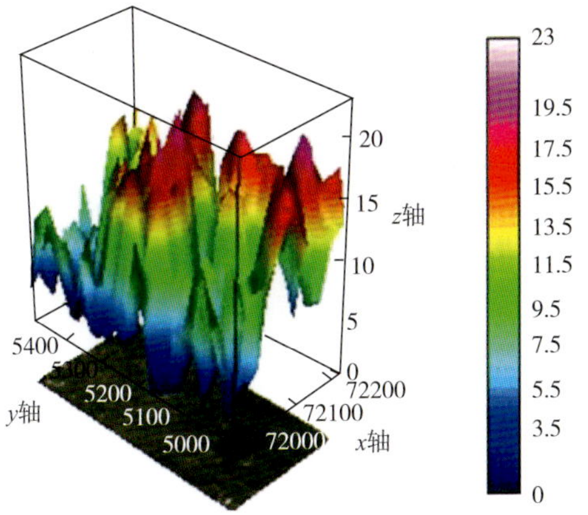

图 6-5　某一面条面团的表层蛋白质数量分布的红外显微成像 3D 图

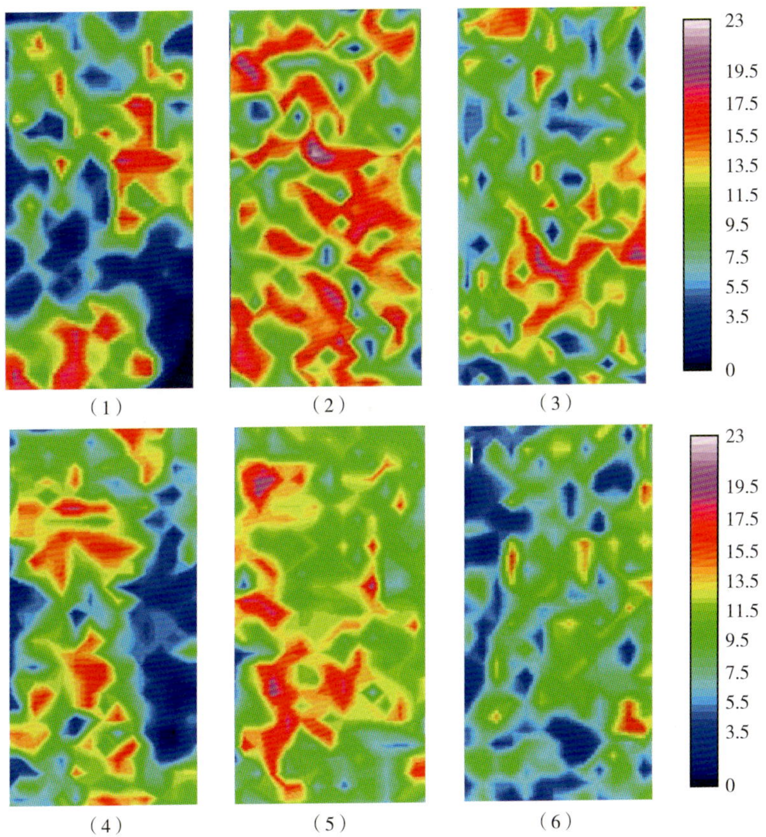

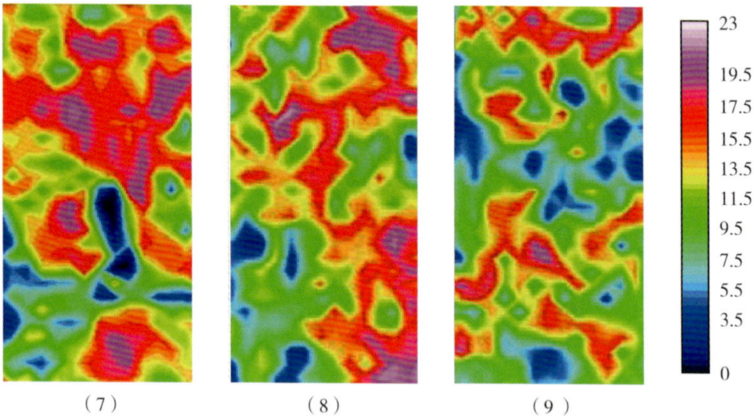

图 6-6　面团表层蛋白质数量分布的等高线图

注：济麦 22［（1）：0MPa，（2）0.06MPa，（3）0.08MPa］；宁春 4 号［（4）：0MPa，（5）：0.06MPa，（6）：0.08MPa］；郑麦 366［（7）：0MPa，（8）：0.06MPa，（9）：0.08MPa］。

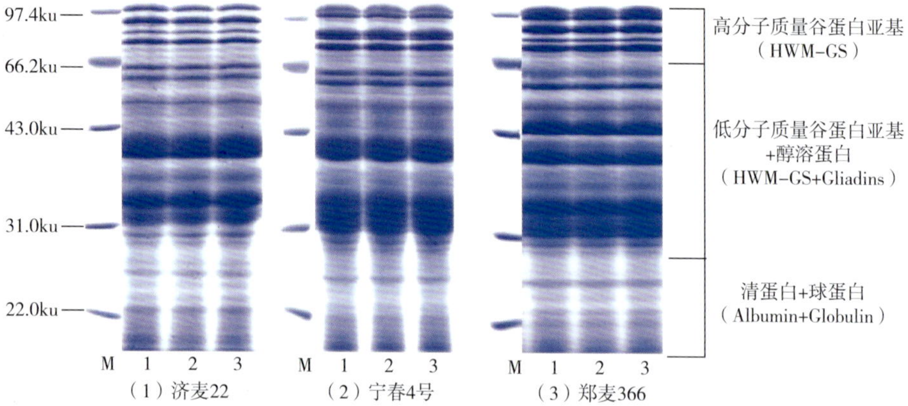

图 6-10　不同真空度条件下制作的面条面团中蛋白质的 SDS-PAGE 电泳图

注：条带 M 代表蛋白质分子质量标准，条带 1~3 分别代表真空度为 0、0.06、0.08MPa 时制作的面团中的蛋白质。

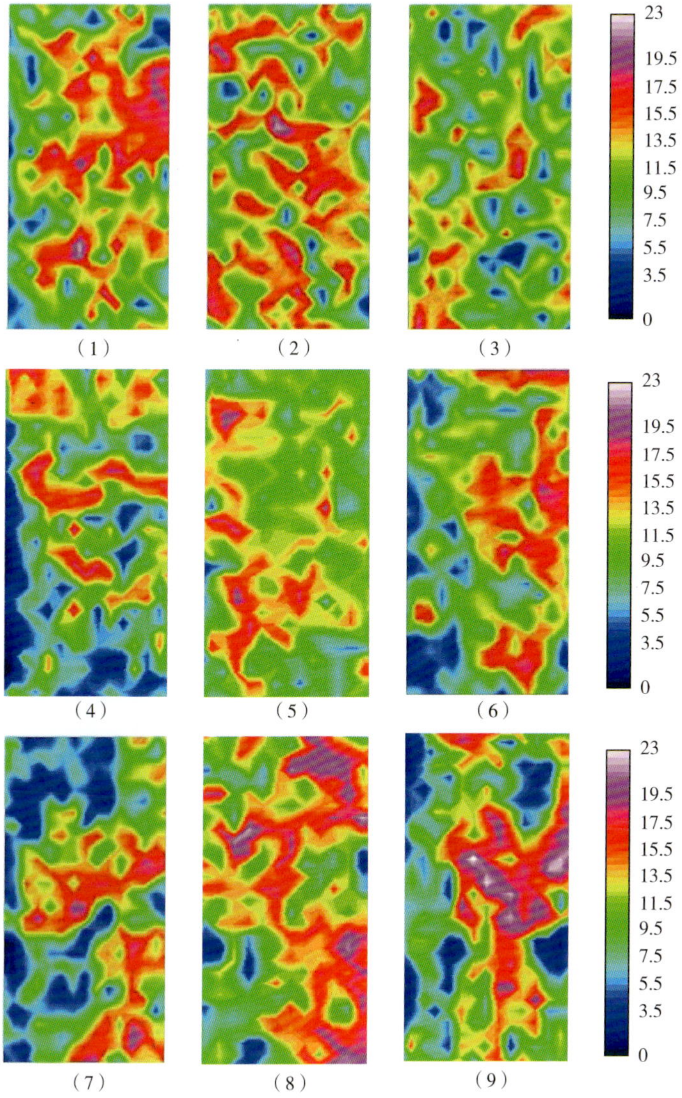

图 7-4　不同和面时间制作的面团表层蛋白质数量分布的等高线图

注：（1）4min 济麦 22；（2）8min 济麦 22；（3）12min 济麦 22；（4）4min 宁春 4 号；（5）8min 宁春 4 号；（6）12min 宁春 4 号；（7）4min 郑麦 366；（8）8min 郑麦 366；（9）12min 郑麦 366。

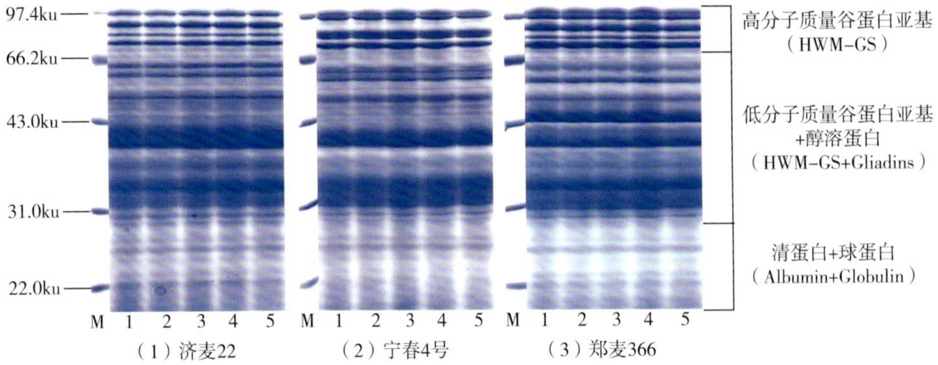

图 7-7　真空和面过程中蛋白质的 SDS-PAGE 电泳图

注：条带 M 代表蛋白质分子质量标准，条带 1 代表小麦粉，条带 2~4 分别代表和面时间为 4min、8min、12min 时制作的面团，条带 5 代表面片。